D1719071

ISBN 978-3-937873-05-3

5. erweiterte Auflage
© 2014 HIGHLIGHT Verlagsges. mbH, Rüthen
Printed in Germany
Satz, Umschlaggestaltung: HIGHLIGHT Verlagsges. mbH, Rüthen
Druck und Bindung: Druck Thiebes, Hagen

Vorwort

Dieses Buch richtet sich an alle professionellen Lichtanwender, wie Lichtplaner, Leuchtenbauer, technische Manager von Lichtanlagen als auch an Studenten der Lichttechnik und Experimentalphysik, die ein tiefergehendes Interesse an modernen Lichtquellen und Leuchtmitteln haben.

Die ersten sechs Kapitel des Buches behandeln nach einer kurzen Darstellung der Geschichte des Lichts und der zur Beschreibung von Licht relevanten Größen alle wichtigen heute in der Innen- und Außenbeleuchtung eingesetzten Leuchtmittel. Diese sind neben den Thermischen Lichtquellen, wie Glüh- und Halogenlampen, vor allem die Gasentladungslampen. Die vierte Auflage ergänzt das Thema Leistungsreduktion.

Aber auch Licht emittierende Dioden (LED), sowie neuerdings auch ihre organischen Varianten, die OLED, sind immer häufiger in der Beleuchtung und Displaytechnologie anzutreffen. Der Schwerpunkt des Buches liegt also in der Vermittlung von Information über genau die Leuchtmittel, die das Licht erzeugen, das uns alle umgibt, wenn zu nächtlicher Stunde die „Nacht zum Tag" wird oder unter Kunstlicht gearbeitet wird. Im siebten Kapitel werden dann Lasertypen und ihre modernen technischen und medizinischen Anwendungen vorgestellt.

Mein besonderer Dank bei der Erstellung des Buches gilt dem Hause Philips Lighting für die großzügige Unterstützung sowie Herrn Dr. Erken Schmidt für inhaltliche Anregungen.

Dr. habil. Roland Heinz
München, April 2014

Zur Einleitung

Unsere von großartigen, beeindruckenden Bildern visueller Medien geprägte Welt lässt manchmal den Unterschied zwischen natürlichem und künstlichem Licht verschwimmen; in den Metropolen der Zivilisation wird durch Beleuchtung die Nacht zum Tage gemacht, die globalisierte Produktions- und Dienstleistungsgesellschaft arbeitet unter künstlichem Licht rund um die Uhr.

Eine perfektionierte Lichtgestaltung in der Architektur und dem Stadt- und Landschaftsraum erzeugt dreidimensionale Bilder, die den oberflächlichen Betrachter vergessen machen, dass die Lichtquelle und das Wissen über die Lichterzeugung am Anfang dieser Bilder stehen.

Der professionelle wie der interessierte „Lichtanwender" kommen nicht umhin, sich mit den Grund-Prinzipien von Licht und Lichterzeugung ebenso zu beschäftigen, wie es gilt, spezifische Eigenschaften bestimmter Lichtquellen zu kennen, um sie anwenden zu können.

Das vorliegende Buch informiert über alle anwendungsorientierten Möglichkeiten der Erzeugung künstlichen Lichtes. Von der Glühlampe bis zur modernsten LED werden alle Lampentypen fundiert wissenschaftlich analysiert und erklärt.

Durch seine Aktualität schließt es die Lücke zwischen jüngst erschienenen Publikationen zur Lichtgestaltung und der technischen Fachliteratur, die noch nicht auf die neueren Lichtquellen eingegangen ist.

Prof. Dipl.-Ing. Andreas Schulz
Berlin/Bonn, April 2014

Seite

Symbole

A	Oberfläche (m^2)
α, β, γ	stöchiometrische Faktoren
$\beta(\lambda)$	Spektraler Remissionsgrad
A_E	Einsteinkoeffizient der spontanen Emission
B_E	Einsteinkoeffizient der induzierten Emission
c	Lichtgeschwindigkeit (*im Vakuum: $2,99792458 \cdot 10^{-8} \ ms^{-1}$*)
C_R	Richardson-Konstante (*$20 \ Am^{-2} \ K^{-2}$*)
D_S	Strahldurchmesser (*m*)
D	Diffusionskoeffizient
D_0	stoffspezifische Diffusionskonstante
ΔE_i	Farbverschiebung
ΔH	Freie Enthalpie (*J*)
$\Delta_R G$	Freie Reaktionsenthalpie (*J*)
$\Delta_R H$	Reaktionsenthalpie (*J*)
$\Delta \upsilon$	Spektrale Halbwertsbreite (*nm*)
E	Beleuchtungsstärke (*lx*)
E_e	Bestrahlstärke (*Wm^{-2}*)
$\vec{E}$	Elektrische Feldstärke (Betrag: *Vm^{-1}*)
e	elektrische Elementarladung (*$1,602 \cdot 10^{-19} \ C$*)
E_{Akt}	Aktivierungsenergie (*J*)
$E(\upsilon)$	frequenzabhängige Strahlungsenergie (*J*)
E_A	Austrittsenergie der Elektronen (*J*)
E_{ex}	Energie des freien Exzitons (*J*)
E_f	Energie des obersten mit Elektronen besetzten Zustands (*J*)
E_{phot}	Energie des Photons (*eV*)
ϕ	Lichtstrom (*lm*)
ϕ_e	Strahlungsleistung (*W*)
$\vec{F}$	Farbvalenz
$\varphi_\lambda(\lambda)$	Spektrale Farbreizfunktion
g	Entartungsgrad
G	Verstärkungsfaktor
h	Plancksches Wirkungsquantum (*$6,6261 \cdot 10^{-34} \ Ws$*)
I	Lichtstärke (*cd*)
I_e	Strahlstärke (*Wsr^{-1}*)

I_{el}	elektrische Stromstärke (A)
I_f	Stromfluss durch eine LED (A)
I_{Phot}	Intensität des Photonenstroms
$I_{sätt}$	Sättigungsintensität
I_{thr}	Schwellstrom (A)
j	Stromdichte (A/m^2)
k	Bolzmannkonstante $(1,380658 \cdot 10^{-23} \, WsK^{-1})$
K	Strahlenkennzahl
k_λ	Wellenzahl (λ^{-1})
k_T	Temperaturkoeffizient
K_A	Gleichgewichtskonstante
K_m	Maximum des Photometrischen Strahlungsäquivalents $(683 \, lmW^{-1})$
$K(\lambda)$	Spektrales Photometrisches Strahlungsäquivalent
λ	Wellenlänge (nm)
$\bar{\lambda}$	mittlere freie Weglänge (m)
L	Resonatorlänge (m)
L_e	Strahldichte $(Wsr^{-1}m^{-2})$
l_{coh}	Kohärenzlänge (m)
m	Masse (kg)
m_e	Elektronenmasse (kg)
m_h	Masse des positiven Lochs (kg)
m_r	Reduzierte Masse (kg)
$\vec{M}$	Magnetische Feldstärke (Betrag: Am^{-1})
n	Brechungsindex
n, l, s	Haupt-, Neben-, Spinquantenzahlen
p	Druck (bar)
π	$3,141592654$
Q	Lichtmenge $(lm \cdot s)$
θ	Öffnungswinkel (sr)
r	Abstand (m)
R	Allgemeine Gaskonstante $(8,314 \cdot J/molK)$
ρ	Energiedichte der Lichtwelle (Jm^{-3})
R_a	Farbwiedergabeindex $(0-100)$
R_{Ohm}	Ohmscher Widerstand (W)
S	Strahlungsintensität

S	Poynting-Vektor (Betrag: W/m^2)
S_F	Spektralfarbenzug
$\vec{S}_F$	Spektralfarbe
$\vec{S}_\lambda(\lambda)$	relative spektrale Strahlungsfunktion
σ_{21}	Wirkungsquerschnitt des oberen Laserniveaus
S_F	Spektralfarbenvektor
t	Zeit (s)
T	Temperatur (K)
τ	Lebensdauer (s)
τ_{coh}	Kohärenzzeit (s)
T_j	Temperatur im pn-Kontakt (K)
T_c	Temperatur am Gehäuse ($°C$)
T_u	Umkehrtemperatur ($°K$)
ν	Frequenz (Hz)
U_{el}	Elektrische Spannung (V)
V	Volumen (m^3)
V_D	Spannungsabfall der Hochvoltdiode (V)
V_F	Betriebspannung der LED beim Strom I_F (V)
V_{in}	Sekundärspannung (V)
$V(\lambda)$	Spektrale Empfindlichkeit bei Tagsehen (0-1)
$V'(\lambda)$	Spektrale Empfindlichkeit bei Nachtsehen (0-1)
v	Mittlere Geschwindigkeit (m/s)
Ω	Raumwinkel (sr)
W_b	Bandabstand (eV)
W_{frei}	Bindungsenergie des freien Exzitons (J)
W_i	Ionisierungsarbeit (J)
W_{iso}	Bindungsenergie des Exzitons und einer isoelektrischen Störstelle (J)
W_u	Unbuntpunkt (Weißpunkt)
x	Ionisierungsgrad
X, Y, Z	Normalfarbwert
x, y	Normalfarbwertanteil
X, Y, Z	Normalvalenz
$\vec{x}(\lambda), \vec{y}(\lambda), \vec{z}(\lambda)$	Normalspektralwertkurve
Z_r	Schärfentiefe (m)

1   Licht und lichttechnische Grundgrößen

1.1 – Die Geschichte des Lichts

Erste grundlegende naturwissenschaftliche Arbeiten zur Natur des Lichtes stammen bereits aus dem 17. Jahrhundert: Die Newtonsche Korpuskulartheorie und die **Huygenssche Wellentheorie**. Die Korpuskulartheorie des vor allem wegen seiner mechanischen Grundgesetze berühmten Isaac Newton (1643 - 1727) beschreibt das Licht als einen Strom von Lichtteilchen, die je nach Farbe eine unterschiedliche Größe besitzen. Damit ließen sich die geradlinige Ausbreitung des Lichts, Reflexion und Lichtfarbe gut erklären. Die teilweise Reflexion und Brechung an Grenzflächen, vor allem aber die Beugung des Lichts, konnte mit dieser Theorie hingegen nicht erklärt werden. Hier erwies sich der Ansatz Huygens (1629 - 1695) als überlegen: Licht breitet sich in Form von schwingenden Wellen aus; jeder Punkt des Wellenfeldes wird als Erregerzentrum einer neuen, sich kugelförmig ausbreitenden Welle angesehen (**Huygenssches Prinzip**). Dieser Ansatz beschreibt Phänomene, wie Beugung und Interferenz von Licht, viel besser. Erst Maxwell gelang es jedoch 1861 die Ausbreitung von Licht als elektromagnetische Welle quantitativ zu beschreiben (Abb. 1.1): Eine Lichtwelle breitet sich im Vakuum immer geradlinig aus. Dabei oszillieren ein Magnet- ($\vec{H}$) und Elektrisches Feld ($\vec{E}$) wechselseitig und senkrecht zur Ausbreitungsrichtung (**Poynting-Vektor**, $\vec{S}$).

$$\vec{S} = \vec{E} \times \vec{H} \qquad\qquad \text{(Gl. 1.1)}$$

Die moderne Lichtquantentheorie unterscheidet sich vom Prinzip her nicht gänzlich von den Ansätzen des 17. Jahrhunderts. Im Rahmen des sogenannten **Welle – Teilchen – Dualismus** werden Korpuskular- und Wellencharakter des Lichts als gleichwertig betrachtet. Allein das Experiment, d. h. die Art der Lichtbeobachtung, bestimmt, ob Licht als Teilchen oder Welle in Erscheinung tritt. Für die in diesem Buch gemachten Grundbetrachtungen zur Lichterzeugung erweist es sich als zweckmäßig, Licht im Sinne Plancks als Teilchen (Photon) zu betrachten (Gl. 1.2). Dies erleichtert das Verständnis, woher die Energie des Lichts am Orte der Lichtemission stammt und wo sie verbleibt, wenn Licht wieder absorbiert wird.

$$E_{phot} = h\nu \qquad\qquad \text{(Gl .1.2)}$$

Die Photonen- oder **Quantenhypothese** von Planck (1901) geht davon aus, dass eine Lichtquelle in schneller Folge eine große Zahl sehr kleiner Teilchen der Energie (E_{phot}) und Frequenz (ν) emittiert. Dass dieser Ansatz richtig ist, konnte Einstein 1905 mit dem äußeren **Photoeffekt** beweisen (Abb. 1.1). Die Zahl der aus einer mit Licht bestrahlten Metalloberfläche emittierten Elektronen ist nicht proportional zur Amplitude der Lichtwelle, sondern zu ihrer Frequenz. Erst ab einer bestimmten Mindestfrequenz und damit Mindestenergie des Lichts ist dessen Energie ausreichend, um aus einer Metalloberfläche Elektronen herauszuschlagen.

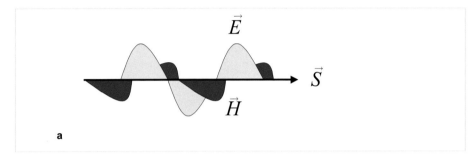

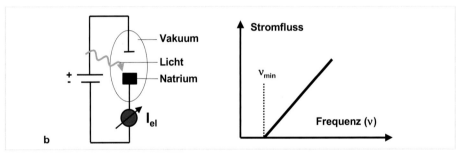

Abb. 1.1 ▶ a) Lichtwelle nach Maxwell (1861), b) äußerer Photoeffekt

1.2 – Das menschliche Auge

Das menschliche Auge nimmt Licht im Wellenlängenbereich von 380 nm bis 780 nm wahr. Licht fällt durch die abbildende Optik, die aus Hornhaut und Augenlinse besteht, auf die lichtempfindliche Netzhaut (Abb. 1.2). Hier wandeln lichtempfindliche Rezeptoren das einfallende Licht in Nervenreize um, die durch den Sehnerv zum Gehirn geleitet und dort verarbeitet werden.

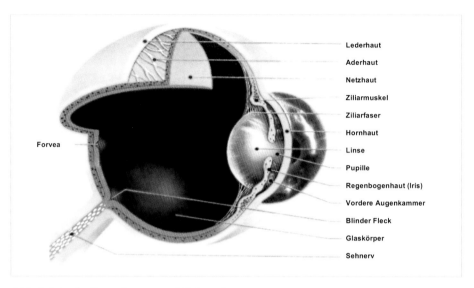

Lederhaut

Aderhaut

Netzhaut

Ziliarmuskel

Ziliarfaser

Hornhaut

Forvea

Linse

Pupille

Regenbogenhaut (Iris)

Vordere Augenkammer

Blinder Fleck

Glaskörper

Sehnerv

Abb. 1.2 ▶ Aufbau des menschlichen Auges

Die lichtempfindlichen Rezeptoren der Netzhaut bestehen aus **Zapfen** und **Stäbchen**. Zapfen kommen in drei verschiedenen Modifikationen vor, die sich durch ihren Absorptionsbereich unterscheiden. Die Kombination der Nervenreize, die diese unterschiedlichen Zapfen hervorrufen, ermöglicht das **Farbsehen**. Die Stäbchen hingegen können unterschiedliche Farben nicht unterscheiden, sind aber wesentlich lichtempfindlicher, so dass sie vor allem für das Sehen bei Dunkelheit verantwortlich sind. Die maximale Empfindlichkeit des helligkeitsadaptierten Auges liegt beim sogenannten „Tagsehen" (Leuchtdichte von >100 cd/m^2) bei 555 nm und beim „Nachtsehen" (Leuchtdichte <10^{-5} cd/m^2) bei 507 nm (Abb. 1.3). Die mit abnehmender Helligkeit auftretende Blauverschiebung der Empfindlichkeitskurve des menschlichen Auges, der sogenannte **Purkinje-Effekt**, kann an einem Kornfeld mit Mohnblumen und Kornblumen beobachtet werden. So erscheinen vor Einbruch der Dunkelheit die roten Mohnblumen viel leuchtender, nach Einbruch der Dämmerung hingegen leuchten die blauen Kornblumen stärker.

Ein weiterer Typ von Netzhautsensoren, die **Ganglienzellen**, leistet keinen visuellen Beitrag und dient vor allem der Steuerung der biologischen Uhr. Sein Empfindlichkeitsmaximum liegt im blauen Spektralbereich.

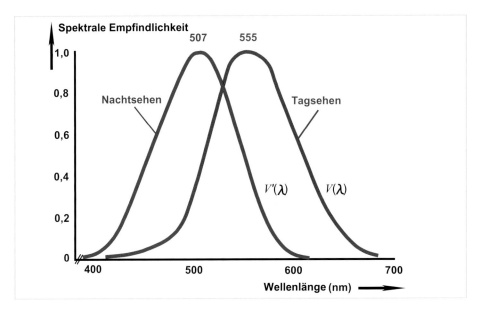

Abb. 1.3 ▶ Spektrale Empfindlichkeitskurven des menschlichen Auges bei Helligkeitsadaption für Tag- und Nachtsehen nach DIN 5031. Die Kurven sind für das jeweilige Empfindlichkeitsmaximum auf 1 normiert.

1.3 – Lichttechnische Grundgrößen und Einheiten

Zur Kennzeichnung der Eigenschaften des Lichtes reichen in der Lichttechnik im allgemeinen vier Grundgrößen aus: der **Lichtstrom** Φ (*SI-Einheit Lumen, lm*), die **Lichtstärke** I (*SI-Einheit Candela, cd*), **die Beleuchtungsstärke** E (*SI-Einheit Lux, lx*) und die **Leuchtdichte** L (*SI-Einheit Candela/Quadratmeter, cd/m²*). Diese Grundgrößen sind nach DIN 5031 definiert. Sie basieren auf äquivalenten strahlungsphysikalischen Grundgrößen, der **Strahlungsleistung** Φ_e, der **Strahlstärke** I_e, der **Bestrahlungsstärke** E_e und der **Strahldichte** L_e. Die lichttechnischen Grundgrößen unterscheiden sich von den strahlungsphysikalischen Grundgrößen dadurch, dass sie nur das Licht berücksichtigen, das vom Auge auch wahrgenommen werden kann. Die mathematische Verknüpfung der lichttechnischen und strahlungsphysikalischen Grundgrößen ist dabei durch das **spektrale photometrische Strahlungsäquivalent** für Tagessehen $K(\lambda)$, d.h. das Produkt aus der spektralen Hellempfindlichkeit des menschlichen Auges $V(\lambda)$ und dem Maximum des photometrischen Strahlungsäquivalents für Tagessehen $K_m = 683$ lm/W, gegeben.

Der **Lichtstrom** Φ einer Lichtquelle ist also gemäß Tafel 1.1 die von ihr in verschiedene Richtungen abgegebene Strahlungsleistung (Φ_e), bewertet nach der spektralen Hellempfindlichkeit ($V(\lambda)$). Dies bedeutet, dass an jedem Punkt des Emissionsspektrums einer Lichtquelle der Intensitätswert der Strahlungsleistung mit der zu dem entsprechenden Wellenlängenbereich korrespondierenden Hellempfindlichkeit des helladaptierten Auges beim Tagsehen ($V(\lambda)$) gewichtet wird – bei 555 nm also mit dem Faktor 1, bei anderen Wellenlängen mit einem entsprechend geringeren Faktor. Anschließend wird über das gesamte gewichtete Emissionsspektrum integriert. Würde eine Lichtquelle die gesamte aufgenommene Energie bei exakt 555 nm verlustfrei abstrahlen, so entspräche dies einem Wirkungsgrad von 683 lm/W. Die **Lichtstärke I** errechnet sich aus dem Lichtstrom, indem der Lichtstrom nach dem Raumwinkel (Ω) differenziert wird. Sie ist also vereinfacht der von einer Lichtquelle pro Raumwinkel abgestrahlte Lichtstrom. Lichtstärkeangaben werden oft zur Charakterisierung von Reflektorlampen eingesetzt. Die **Beleuchtungsstärke E** ist die auf eine Fläche bezogene Dichte des Lichtstroms bzw. vereinfacht, der Quotient aus dem auf eine Fläche auftreffenden Lichtstrom und der beleuchteten Fläche. Diese Grundgröße wird z. B. zur Beschreibung des Beleuchtungsniveaus eines Raumes in der Lichtplanung verwendet. Sie nimmt mit dem Quadrat der Entfernung ab. Der Sinnesreiz im menschlichen Auge wird schließlich durch die **Leuchtdichte L** ausgelöst. Sie ist die Dichte des durch eine Fläche in einer bestimmten Richtung durchtretenden Lichtstroms, wobei die Fläche senkrecht zur Beobachtungsrichtung projiziert wird.

Lichtstrom

$$\Phi = K_m \int_0^\infty \frac{d\Phi_e(\lambda)}{d\lambda} V(\lambda) d\lambda$$

Beleuchtungsstärke

$$E = \frac{d\Phi}{dA_2}$$

Lichtstärke

$$I = \frac{d\Phi}{d\Omega_1}$$

Leuchtdichte

$$L = \frac{d^2\Phi}{dA_1 \cos\varepsilon}$$

Tafel 1.1 ▶ **Charakterisierungsgrundgrößen des Lichts in der Lichttechnik**

Die vier lichttechnischen Grundgrößen beschreiben eigentlich immer den Lichtaustausch zwischen einem leuchtenden Flächenelement dA_1 (Lampe) und einem beleuchteten Flächenelement dA_2 (Detektor, Abb. 1.4). Ihre Beziehung untereinander ist folglich ausschließlich durch geometrische Beziehungen darstellbar, deren scheinbare Einfachheit sich jedoch in der Praxis vielfach als höchst kompliziert herausstellt und quantitativ oft nur näherungsweise ermittelbar ist. Die Grundbeziehung ist durch das **photometrische Grundgesetz** gemäß Gleichung 1.4 gegeben, welche die Lichtausstrahlung des leuchtenden Flächenelements dA_1 zum im Abstand r befindlichen beleuchteten Flächenelement dA_2 beschreibt.

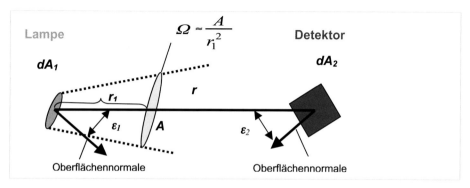

Abb. 1.4 ▶ Geometrische Beziehungen zwischen leuchtender und beleuchteter Fläche

$$d\Omega_1 = \frac{dA_2 \cos \varepsilon_2}{r^2} \cdot \Omega_0 \text{ (Lampe)} \qquad d\Omega_2 = \frac{dA_1 \cos \varepsilon_1}{r^2} \cdot \Omega_0 \text{ (Detektor) (Gl. 1.3)}$$

$$d^2\Phi = L \frac{dA_1 \cos \varepsilon_1 dA_2 \cos \varepsilon_2}{r^2} \cdot \Omega_0 \qquad\qquad\qquad \text{(Gl. 1.4)}$$

Aus dem **photometrischen Grundgesetz** lässt sich dann das photometrische Entfernungsgesetz darstellen, das in der Beleuchtungsplanung verwendet wird:

$$E = \frac{d\Phi}{dA_2} = \frac{I \cdot d\Omega_1}{dA_2} = \frac{I \cdot dA_2 \cdot \cos \varepsilon_2}{dA_2 \cdot r^2} \cdot \Omega_0 = \frac{I \cdot \cos \varepsilon_2}{r^2} \cdot \Omega_0 \qquad \text{(Gl. 1.5)}$$

Die Gleichheit der Flächen dA_1 und dA_2 in der Ableitung ist nur für einen konstanten Abstand r gegeben, d.h. das photometrische Entfernungsgesetz gilt exakt nur für Punktlichtquellen.

1.4 – Farbe

Im Helligkeitsbereich des Tagsehens (vergl. 1.2) ist mit den drei Farbrezeptortypen der Netzhaut (Zapfen) Farbsehen möglich, wobei die Helligkeit Bestandteil dieser umfassenderen Farbinformation ist. Die **Farbempfindung** des Menschen als individuelle subjektive Empfindung entzieht sich zwar einer exakten mathematisch-physikalischen Beschreibung. Die unterschiedlichen spektralen Absorptionsgrade der drei Farbrezeptortypen können aber mathematisch erfasst werden: Die integrale physiologische Wirkung ihrer spektralen Filterung lässt sich als Ortsvektor in einem dreidimensionalen Farbraum darstellen.

Ausgangspunkt für die meisten Farbsysteme und die Farbvalenzmetrik bildet das 1931 CIE-Normvalenzsystem (DIN 5033), das für den Normalbeobachter die visuelle Farbwirkung der ins Auge gelangenden Strahlung, des physikalischen **Farbreizes**, als Farbvalenz beschreibt. Die **Farbvalenz** $(\vec{F})$ ist dabei gekennzeichnet durch die drei **Normfarbwerte X, Y** und **Z** also den Beträgen der virtuellen **Normvalenzen** $\vec{X}, \vec{Y}$ und $\vec{Z}$ gemäß Gleichung (1.6).

$$\vec{F} = X\vec{X} + Y\vec{Y} + Z\vec{Z} \qquad\qquad \text{(Gl. 1.6)}$$

Die physiologische Bewertung des physikalischen Farbreizes erfolgt in den Normfarbwerten, die die spektrale Farbreizfunktion

$$\varphi_\lambda(\lambda) = S_\lambda(\lambda) \cdot \beta(\lambda) \qquad\qquad \text{(Gl. 1.7)}$$

$S_\lambda(\lambda)$ – relative spektrale Strahlungsfunktion der beleuchtenden Lichtart

$\beta(\lambda)$ – spektraler Remissionsgrad der beleuchteten Reflexionsprobe

nach den Normspektralwertkurven $\bar{x}(\lambda), \bar{y}(\lambda)$ und $\bar{z}(\lambda)$ als quasi „künstliche Zapfen des Auges" gemäß den Gleichungen (1.8) gewichten.

$$
\begin{aligned}
X &= k \cdot \int S_\lambda(\lambda) \cdot \beta(\lambda) \cdot \bar{x}(\lambda) \cdot d\lambda \\
Y &= k \cdot \int S_\lambda(\lambda) \cdot \beta(\lambda) \cdot \bar{y}(\lambda) \cdot d\lambda \\
Z &= k \cdot \int S_\lambda(\lambda) \cdot \beta(\lambda) \cdot \bar{z}(\lambda) \cdot d\lambda
\end{aligned}
\qquad\qquad \text{(Gl. 1.8)}
$$

Das Normvalenzsystem ist dabei so definiert, dass $\overline{y}(\lambda) = V(\lambda)$ und somit der Normfarb-wert Y proportional der Leuchtdichte der Probe $\beta(\lambda)$ bei gleichen Beleuchtungs- und Beobachtungsbedingungen ist sowie

$$k = \frac{100}{\int S_\lambda(\lambda) \cdot \overline{y}(\lambda) \cdot d\lambda}.$$

(Gl. 1.9)

Bei Verzicht auf die Helligkeitsinformation lassen sich die räumlichen Farbvalenzen als ebene **Farbarten** in einer Farbtafel darstellen. Hierbei wird im allgemeinen auf die $\vec{X}$ - $\vec{Y}$-Ebene als **Normfarbtafel** mit den **Normfarbwertanteilen x**, y als Koordinaten zurückgegriffen (Abb. 1.5).

$$x = \frac{X}{X + Y + Z} \qquad y = \frac{Y}{X + Y + Z}$$

(Gl. 1.10)

Der **Spektralfarbenzug** $(\vec{S}_F)$ beschreibt alle Spektralfarben (monochromatische Farben von 380 bis 780 nm) als eine Mischung von Weiß ($x = y = 1/3$; **Unbuntpunkt, W_u**) mit der **Spektralfarbe (S_F)**.

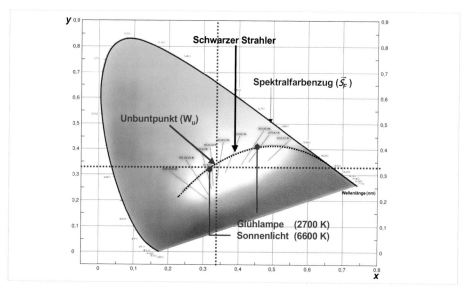

**Abb. 1.5 ▶ Farbtafel der internationalen Farbmessung
(1931 CIE-Normvalenzsystem, DIN 5033)**

1.5 – Farbwiedergabe

Als Gütekriterium der Farbwiedergabe dient die Farbverschiebung, die sich bei Beleuchtung von 8 ausgewählten Probenmit einer Testlichtart im Vergleich zu einer Bezugslichtart ergibt. Für jede der 8 Proben wird dann ein *spezieller Farbwieder-gabe-Index* R_i (i = 1-8) ermittelt:

$$R_i = 100 - 4.6 \, \Delta E_i \qquad \text{(Gl. 1.10)}$$

Je geringer die Farbverschiebung ΔE_i ist (Bezug: 1964 CIE-UCS Farbenraum), desto dichter an 100 ist der *spezielle Farbwiedergabe-Index*. Anschließend werden alle 8 spe-ziellen Farbwiedergabe-Indices im allgemeinen *Farbwiedergabe-Index (R_a)* nach (DIN 6169) zusammengefasst:

$$R_a = 1/8 \sum_1^8 R_i \qquad \text{(Gl. 1.13)}$$

Der R_a-Index beschreibt folglich die Güte der Farbwiedergabe einer Lichtquelle. Der Fak-tor 4,6 ist willkürlich gewählt, so dass eine warmweiße Standard-TL-Leuchtstofflampe ungefähr einen R_a-Wert von 50 besitzt. Zwei Lichtquellen mit gleichem R_a-Index besit-zen aber nur eine in Summe gleich gute Farbwiedergabe, können jedoch durchaus im Spektralbereich Rot, Grün oder Blau differente Farbwiedergabeeigenschaften aufweisen. Ein aktuelles Beispiel liefert der Vergleich von CDM- (Farbtemperatur 3.000K) und SDW-T-Lampen (Farbtemperatur 2.550K). Beide Leuchtmittel besitzen einen vergleich-baren R_a-Index von $R_a > 80$. Die CDM-Lampe liefert jedoch einen signifikant höheren R_i-Index im Bereich Grün und Blau, während bei der SDW-T- der R_i-Index des Rotbe-reichs dem der CDM überlegen ist.

Abbildung 1.6 zeigt für einige markante Lampentypen den Zusammenhang zwischen den emittierten Lichtspektren und den sich hieraus ergebenden allgemeinen Farbwiederga-be-Indizes. Generell lässt sich sagen, dass ein weitgehend lückenloses, kontinuierliches Lampenspektrum eine gute Farbwiedergabe-Eigenschaft und folglich einen hohen R_a-Wert ergibt. Bei Bedarf werden anwendungsbezogen noch weitere spezielle Farbwiedergabe-Indizes für spezielle Proben definiert (z.B. R_{FF} für Fleisch- und Fleischerzeugnisse in DIN 10504).

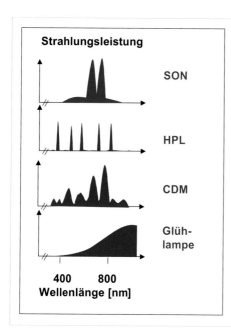

Strahlungsleistung

SON

HPL

CDM

Glüh-
lampe

400   800
Wellenlänge [nm]

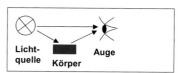

Experimentalanordnung

Licht-
quelle   Körper   Auge

Farbwiedergabe-Index R_a

Lampentyp	R_a	Farbwiedergabe
SON	20	mangelhaft
HPL	45	mäßig
HPI	70	noch gut
CDM	85	sehr gut
Glühlampe	100	Bezugslichtart
Sonnenlicht	100	Bezugslichtart

Abb. 1.6 ▶ Farbwiedergabe in Abhängigkeit vom Verlauf des Emissionsspektrums eines Leuchtmittels

Eine weitere qualitative Hilfe zur Einschätzung der Farbwiedergabe-Eigenschaft von Lampen bietet das **CRV-Diagramm (Colour Rendering Vector)** gemäß Abb. 1.7. Diese grafische Darstellung betrachtet 215 festgelegte Farborte: Wird durch die Testlichtquelle im Vergleich zur Bezugslichtquelle ein bestimmter Farbort verschoben, so wird dies durch einen Vektorpfeil kenntlich gemacht. Die Farbwiedergabe eines Leuchtmittels im Hinblick auf einen bestimmten Farbort ist um so besser, je kürzer der Pfeil ist – im Idealfall ein Punkt (Abb. 1.7). Die Koordinatenachsen kreuzen im Unbuntpunkt, und der Spektralfarbenkreis hilft zu sehen, welche Proben-Spektralanteile durch das Lampenspektrum eher unterstützt bzw. eher nicht unterstützt werden.

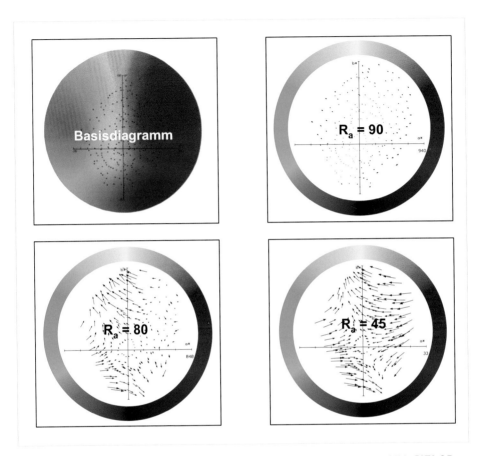

Abb. 1.7 ▶ CRV-System (Farbverschiebungsvektor-Darstellung in 1976 CIELAB Farbtafel) zur Beschreibung der Farbwiedergabe und die korrespondierenden Farbwiedergabewerte des R_a-Systems

2   Thermische Strahlungsquellen

Elektrisch leitfähige Festkörper, wie Metalle oder spezielle Keramiken, geben beim Erwärmen einen großen Teil ihrer Energie in Form von Wärmestrahlung ab, bei hohen Temperaturen auch zum Teil in Form von sichtbarem Licht, das zu Beleuchtungszwecken genutzt werden kann.

2.1 – Die Glühlampe: Historie, Aufbau und Wirkungsprinzip

Der bedeutendste Temperaturstrahler ist die Glühlampe. Erste funktionierende Glühlampen, in der Technik auch Allgebrauchslampen oder Allgebrauchsglühlampen genannt,
wurden 1854 durch Goebel hergestellt. Goebel benutzte als gleichstromführende Wendel verkohlte Bambusfasern, die er zum Schutz gegen Oxidation in evakuierten Par-
fumflaschen betrieb. Eine technische Bedeutung erlangten aber erst die Kohlefadenlam-
pen von Edison (1875), da Edison mit dem Generator auch eine großtechnisch nutzba-
re Stromquelle entwickelte (Abb. 2.1).

Das Edison-Laborato-
rium in Newark, USA
(heute Museum)

Chemikalienschrank,
Destillationsretorte

Fotos: Dr. Eckart Klusmann

Abb. 2.1 ▶ *Edison-Laboratorium, Edison war Inhaber von über 3.000 Patenten*

Historie der Glühlampe

1854	Goebel: Erfindung der Kohlefadenlampe
1875	Edison: erste großindustrielle Umsetzung
1902	Auer + Welsbach: Osmiumwendel
1912	Wolframwendel
1936	erste Doppelwendellampe

In der modernen Glühlampe (Abb. 2.2) werden seit Anfang des 20. Jahrhunderts Wolframdrähte des Durchmessers 20-100 µm eingesetzt. Zur Herstellung derartiger Drähte wird Wolframpulver einem zweistufigen Sinterprozess unterworfen und der hieraus gewonnene 3-mm-Draht durch Ziehen über Hartmetall- und Diamantsteine weiter ausgezogen. Wolfram als Wendelmaterial wird vor allem aufgrund seines hohen Schmelzpunktes (3.683 K) und seiner Duktilität eingesetzt.

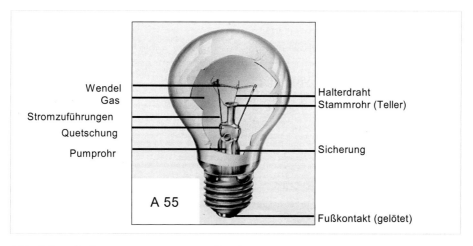

Wendel
Gas
Stromzuführungen
Quetschung
Pumprohr

Halterdraht
Stammrohr (Teller)

Sicherung

A 55

Fußkontakt (gelötet)

Abb. 2.2 ▶ Aufbau einer modernen Glühlampe mit E 27-Schraubsockel

Die mittlere Lebensdauer einer Glühlampe, d. h. der Zeitpunkt, nachdem in einer Lampenpopulation 50% aller Leuchtmittel ausgefallen sind, beträgt bei Standard-Glühlampen ca. 1.000 h, bei den lichtstromschwächeren Verkehrssignallampen bis zu 18.000 h. Sie wird durch Abdampfen von metallischem Wolfram von der Wendel sowie Rekristallisationsprozesse im Material selbst bestimmt: Dabei ist zu erwarten, dass die Wendel an einer der Stellen mechanisch versagt, an denen, durch den ursprünglichen Herstellungsprozess bedingt, ein geringfügig kleinerer Wendeldurchmesser vorliegt. An diesen Stellen wird die Wendel beim Stromdurchfluss besonders stark erwärmt (hot spots), was die lokale Abdampfrate steigert und letztendlich in einem sich selbst beschleunigenden negativen Kreislauf mündet. Da der Dampfdruck (p) über einem Festkörper mit wachsender Temperatur (T) gemäß der **Clausius-Clapeyronischen Gleichung** exponentiell ansteigt (Gl. 2.1), ist die Betriebstemperatur der Glühwendel eine äußerst kritische Größe. Eine Erhöhung der Betriebsspannung um 5% halbiert in etwa die mittlere Lampenlebensdauer und erhöht den Lichtstrom um ca. 25% (Abb. 2.3).

$$\frac{dp}{dT} = \frac{\Delta H p}{RT^2} \implies p \propto p_0 e^T \qquad \text{(Gl. 2.1)}$$

ΔH = Verdampfungsenthalpie R = Allgemeine Gaskonstante

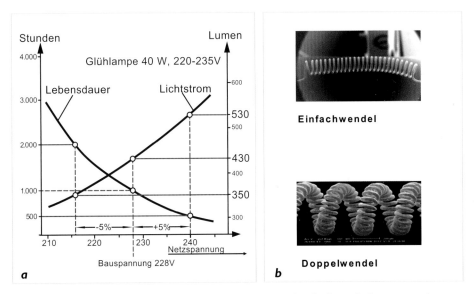

a) Abhängigkeit der Lebensdauer und des Anfangslichtstroms einer 40 W/230 V-Allgebrauchslampe von der Netzspannung; b) Wendelbauformen

Abb: 2.3 ▶ a) Abhängigkeit der Lebensdauer und des Anfangslichtstroms einer 40 W/230 V-Allgebrauchslampe von der Netzspannung; b) Wendelbauformen

In modernen Glühlampen wird die Verdampfung des Wolframs durch den Einsatz von Füllgasen (Inertgasen) sowie durch Doppelwendelkonstruktionen (REM-Aufnahme, Abb. 2.3 b) reduziert.

Gasfüllung	Reduktion der Abdampfrate um den Faktor
Ar/N$_2$:	1/700
Krypton:	1/1.500
Xenon:	1/2.300

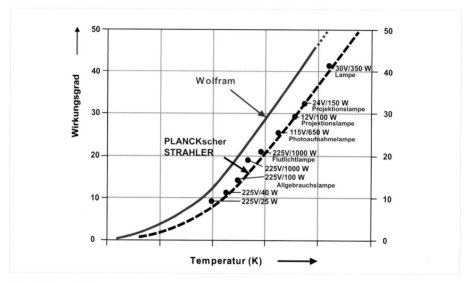

Abb. 2.4 ▶ Abhängigkeit der Lichtausbeute einer Glühlampe von ihrer absoluten Leistungsaufnahme und ihrer Betriebsspannung

Die Effizienz einer Glühlampe steigt mit fallender Betriebsspannung und steigender Leistungsaufnahme (P) (Gl. 2.2). Mit fallender Betriebsspannung (U) kann die Wendel (Ohmscher Widerstand, R_{Ohm}) gemäß der **Ohmschen Gleichung** (Gl. 2.3) dicker ausgelegt werden, was den Wirkungsgrad steigert. Da die spezifische Wärmekapazität des Wolframs relativ hoch ist, führt der Betrieb mit 230V/50Hz Versorgungsspannung im Gegensatz zu Gasentladungslampen nicht zu starken Periodizitäten in der Lichtemission.

$$P = U_{el}I_{el} \qquad \text{(Gl. 2.2)} \qquad\qquad U_{el} = R_{Ohm}I_{el} \qquad \text{(Gl. 2.3)}$$

Mit steigender Wattage wird die Wärmeverlustbilanz gegenüber den Wendelhalterungen bzw. dem Füllgas immer positiver (Abb. 2.4). Mit fallender Lampenspannung kann zudem die Wendellänge reduziert werden, da die Gefahr von Bogenbildung zurückgeht.

Dies wirkt sich ebenfalls positiv auf die Wärmeleitungsverluste aus. Eine Standard-100 W/230V-Glühlampe liefert eine Lichtausbeute von ungefähr 14 lm/W.

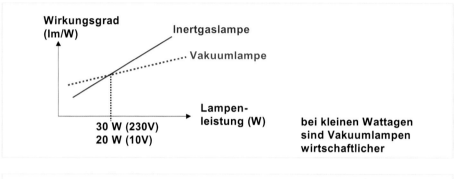

Abb. 2.5 ▶ *Wirkungsgrad von Vakuum- und Inertgaslampen im Vergleich; geometrische Voraussetzungen*

Der überwiegende Teil (ca. 95%) der elektrischen Leistung wird also bei einer Glühlampe nicht in sichtbares Licht (VIS) umgewandelt, sondern geht durch Wärmestrahlung und Wärmeleitung verloren. Dieser Wert liegt weit unterhalb des maximalen visuellen Nutzeffekts eines Thermischen Strahlers (95 lm/W bei 6.600 K), da elektrisch leitfähige Wendelmaterialien mit Schmelz- oder Sublimationspunkten oberhalb von 4.200 K (TaC) nicht zur Verfügung stehen. So liefert selbst Wolfram am Schmelzpunkt (3.683 K) nur einen Wert von 54 lm/W. Das Effizienzmaximum bei technisch realisierten Niedervolt-Glühlampen hoher Leistungsaufnahme liegt bei etwa 40 lm/W.

Die Füllung des Lampenkolbens mit Inertgasen, wie Argon/Stickstoff, Krypton oder Krypton/Xenon, dient dem Ziel, die Abdampfrate des Wolframs zu reduzieren. Ein vergrößerter Wärmeverlust an den Kolben wird dabei zugunsten der verlängerten Lebensdauer in Kauf genommen. Das **Langmuir-Modell** beschreibt den Aufbau der Edelgasschicht um die Wendel der Lampe (Abb. 2.6). In unmittelbarer Wendelnähe (B, bis ca. 2 mm Entfernung) liegt ausschließlich Wärmeleitung (χ) vor. Hierbei erweist sich ein schwereres Edelgas als Vorteil ($\chi \propto m^{-1/2}$); zudem senkt es durch höheren Impulsübertrag die Abdampfrate des Wolframs. Außerhalb der Langmuir-Schicht bis hin zur Kolbenwand ist dann die Wärmeströmung (Konvektion) die Hauptursache der Wärmeübertragung an den Außenkolben. Hier wirkt sich ein schwereres Edelgas nachteilig aus, da eine größere Atommasse die Konvektion fördert.

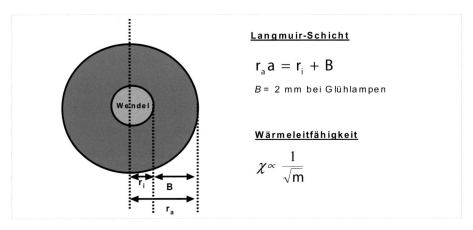

Langmuir-Schicht

$$r_a a = r_i + B$$

B = 2 mm bei Glühlampen

Wärmeleitfähigkeit

$$\chi \propto \frac{1}{\sqrt{m}}$$

Abb. 2.6 ▶ Langmuir-Modell der mit Inertgas gefüllten Glühlampe

Die mittlere Lebensdauer der Glühwendel steigt aber auch mit wachsender Kristallitgröße innerhalb der Wolframwendel. Da im Lampenbetrieb die Rekristallisationstemperatur des Wolframs stets überschritten wird, wachsen größere Kristallite auf Kosten kleiner. Dieses auch als **Ostwald-Reifung** bekannt gewordene Phänomen hat seine Ursache in der mit wachsender Kristallitgröße relativ zum Kristallitvolumen fallenden Oberflächenenergie. Ostwald-Reifung tritt immer dann auf, wenn zwischen den Kristalliten ein thermodynamisches Gleichgewicht herrscht, das Kristallitwachstum also nicht kinetisch gehemmt ist.

Glühlampen werden heute in vielen Varianten produziert. Dabei kommen neben Lampen mit farbigen Außenkolben oder dekorativer Wendel auch spezielle Typen für die Verkehrssignaltechnik oder zur Wärmebestrahlung zum Einsatz (Abb. 2.7).

Lampen mit Dekowendel   Infrarot-Lampen

Abb. 2.7 ▶ Sonderbauformen von Glühlampen

2.2 – Thermische Strahlungsquellen im Modell

Als physikalisches Modell der Glühlampe bzw. einer thermischen Strahlungsquelle dient der Schwarze Körper. Unter einem Schwarzen Körper versteht man dabei einen Ideal-körper, der alles auf ihn treffende Licht absorbiert bzw. der bei Erwärmung alle aufge-nommene Joulsche Energie in Form von Strahlung emittiert. Das Emissionsmaximum ei-nes solchen Körpers, auch **Schwarzer Strahler** genannt, verschiebt sich dabei mit wach-sender Temperatur (T) zu höheren Frequenzen bzw. kleineren Wellenlängen (λ):

$$\lambda_{max}T = const$$ (Gl. 2.4, Wiensches Verschiebungsgesetz, 1894)

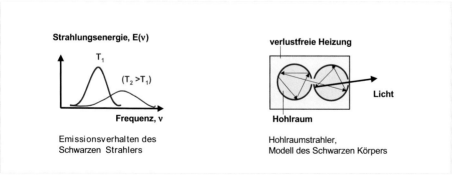

Emissionsverhalten des
Schwarzen Strahlers

Hohlraumstrahler,
Modell des Schwarzen Körpers

Abb. 2.8 ▶ Das Emissionsmaximums eines Schwarzen Strahlers verschiebt sich bei höheren Temperaturen zu kürzeren Wellenlängen bzw. höheren Frequenzen

Als optimale Näherung für den Schwarzen Körper gilt in der Praxis ein thermisch isolierter, absorbierender oder emittierender Hohlraum (Abb. 2.8). Aber auch hochschmelzende Metalle, wie Wolfram oder Osmium, zeigen ein dem Schwarzen Strahler sehr ähnliches Emissionsverhalten, auch wenn die Gesamtstrahlungsleistung niedriger und das Spektrum bei gleicher Temperatur zu etwas kürzeren Wellenlängen verschoben ist (Abb. 2.9). Wie bereits in Kapitel 2.1 angesprochen, liegt der maximale visuelle Nutzeffekt einer thermischen Strahlungsquelle bei 95 lm/W, was einer Körpertemperatur von etwa 6.600 K, der Oberflächentemperatur der Sonne, entspricht. Die relative Lage dieses Maximums auf der Temperaturskala wird durch die Sehempfindlichkeit des evolutiv auf die Sonne angepassten menschlichen Auges geprägt.

Bereits Ende des letzten Jahrhunderts gelang es Stephan ($\int E(v)dv \propto T^4$, 1879) und Jeans ($E(v) \propto v^2$, 1900) die Gesamtstrahlung des Schwarzen Körpers bzw. den spektralen Verlauf für große Temperaturen zu erklären. Die Beschreibung des gesamten Spektrums in Abhängigkeit von den Schwingungsfrequenzen (v) des Emitters gelang jedoch erst 1924 durch Planck (Gl. 2.5).

$$E(v) = \frac{8\pi v^2}{c^3} \cdot \frac{hv}{e^{\frac{hv}{kT}} - 1}$$ (Gl. 2.5)

$$\underbrace{\qquad}_{\text{Term 1}} \quad \underbrace{\qquad}_{\text{Term 2}}$$

$E(v)$ = Strahlungsleistung bei der Frequenz v
h = Plancksches Wirkungsquantum
c = Lichtgeschwindigkeit

Um die beiden Terme der **Planckschen Strahlungsformel** wenigstens qualitativ nachvollziehen zu können, sollten wir uns an dieser Stelle zunächst kurz mit der Struktur eines Metalls befassen. Dieses besteht in der einfachsten Näherung aus einem Atomrumpfgitter und einem Gas aus delokalisierten Elektronen (Drude 1901, Abb. 2.10). Beim Durchfluss von Elektronen durch ein Metall oder beim Kontakt des Metalls mit einer heißen Umgebung, z. B. brennendes Gas, werden die Atomrümpfe des Metalls durch Stoßwechselwirkung zum Schwingen angeregt. Andere Energiespeicherformen spielen fast keine Rolle: Translatorische Bewegungen der Atomrümpfe (kinetische Energie) sind im wohlgeordneten Kristallgitter unterhalb des Schmelzpunktes nicht möglich. Eine Rotation um die Ruhelage der Atomrümpfe liefert nur einen vernachlässigbar kleinen Energiebeitrag, da die Masse der Atomrümpfe auf den winzigen Kern konzentriert ist, sodass bei der Rotationsanregung kaum ein Drehmoment entsteht. Und schließlich kann das Elektronengas auch nur sehr wenig kinetische Energie speichern, da die Elektronenmasse ca. 2.000 mal kleiner ist als die Masse der Atomrümpfe.

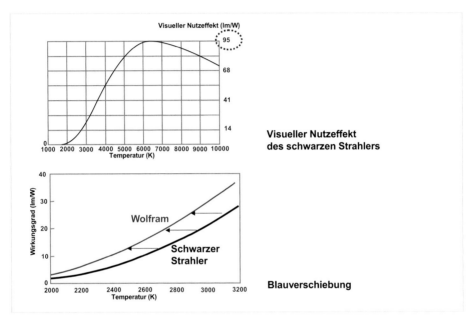

Abb. 2.9 ▶ Visueller Nutzeffekt des schwarzen Strahlers und Blauverschiebung eines heißen Wolframdrahtes im Vergleich zum Schwarzen Körper

Nach den Vorstellungen der klassischen Physik müssten die schwingenden Atomrümpfe (Oszillatoren) alle die gleiche Frequenz besitzen, wobei bei höheren Temperaturen bevorzugt energiereichere höhere Schwingungszustände angeregt werden. Das vom Festkörper emittierte Licht, das beim Übergang zwischen einem energetisch höher gelegenen und einem energetisch niedriger gelegenen Schwingungszustand entsteht, sollte somit monochromatisch sein. Ein solches durch die **Rayleigh-Jeans-Gleichung** (Gl. 2.6) etwa um 1900 beschriebenes Emissionsverhalten entspricht jedoch nicht dem realen Experiment.

$$E(v) = \frac{8\pi v^2}{c^3} kT \qquad \text{(Gl. 2.6)}$$

Metalle emittieren vielmehr breite Banden, die sich mit wachsender Temperatur des Festkörpers zu kürzeren Wellenlängen bzw. höheren Frequenzen hin verschieben.

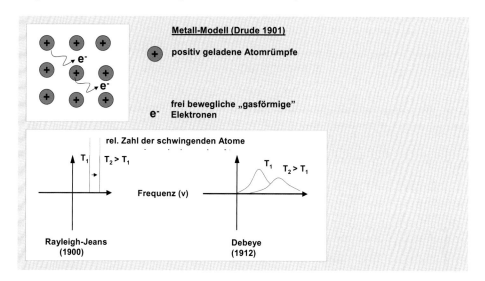

Abb. 2.10 ▶ *Metallmodell nach Drude und schwingendes Metall nach Jeans und Debeye*

Ein Erklärungsansatz für die Bandenemission eines heißen Festkörpers lieferte Debeye um 1912: Da sich im Festkörper die schwingenden Oszillatoren gegenseitig stören, tritt bei der Oszillation des Festkörpers immer eine Frequenzverteilung auf, die eine simultane Abregung differenter Schwingungsübergänge nach sich zieht. Diese Frequenzverteilung und deren Abhängigkeit von der Körpertemperatur beschreibt die Plancksche Strahlungsformel im zweiten Term so wirklichkeitsgetreu, dass eine gute Übereinstimmung mit dem Experiment vorliegt.

In der Lichtpraxis wird die Lichtfarbe eines Leuchtmittels immer in Kelvin angegeben. Eine Farbtemperatur von 3.000 K bedeutet dabei, dass das emittierte Licht visuell dem Licht eines Schwarzen Strahles bei 3.000 K Oberflächentemperatur entspricht. Bei thermischen Strahlungsquellen stimmt die reale Temperatur des lichterzeugenden Mediums, bei Allgebrauchslampen die Glühwendel, noch ungefähr mit dieser Temperatur überein. Bei Gasentladungslampen und Lumineszenzstrahlern können hingegen oft sehr große Abweichungen auftreten: Die reale Temperatur der Leuchtmittel ist zum Teil wesentlich geringer.

3   Halogenlampen

3.1 – Der chemische Transport

Unter chemischen Transportprozessen versteht man chemische Reaktionen, bei denen ein fester oder flüssiger Stoff A mit einem Gas B unter Bildung eines gasförmigen Produktes C umgesetzt wird und an einer anderen Stelle (Temperaturgradient) des Systems eine Rückreaktion unter Abscheidung von A erfolgt. Das Ergebnis chemischer Transportprozesse entspricht daher einer Sublimation bzw. Destillation des Stoffes A, ohne dass dieser bei den angewendeten Temperaturen einen merklichen Dampfdruck besitzt.

Voraussetzung für chemische Transportprozesse sind reversible chemische Reaktionen, die kinetisch unter den gegebenen Reaktionsbedingungen nicht gehemmt sind und deren thermodynamisches Gleichgewicht nach dem Prinzip vom Kleinsten Zwang (**Le-Chatelier-Prinzip**, 1876) beeinflussbar ist. Letzterem liegt in diesem Fall die Temperaturabhängigkeit der Gleichgewichtskonstante des Massenwirkungsgesetzes zugrunde (**Van't Hoffsche Reaktionsisobare**):

$$\alpha A + \beta B \Leftrightarrow \gamma C$$

$$\frac{a_C^{\gamma}}{a_A^{\alpha} a_B^{\beta}} = K_A$$

$$\Delta_R G = \Delta_R G^0 + RT \sum_i \upsilon_i \ln a_i$$

$$\Delta_R G^0 = 0 \quad \Rightarrow \quad K_A = e^{-\frac{\Delta_R G^0}{RT}}$$

$$\left(\frac{\partial \ln K}{\partial T} \right)_p = \frac{\Delta_R H^0}{RT}$$

Die Gleichgewichtskonstante K_A, die aus den chemischen Aktivitäten a und den stöchiometrischen Faktoren der Edukte und Produkte ($\upsilon_i = \alpha, \beta, \gamma, ...$) der exothermen Hinreaktion hervorgeht, nimmt also in einem äußerlich erzwungenen Temperaturgradientenfeld unterschiedliche Werte an. Hierdurch wird leicht verständlich, warum in einem geschlossenen System die gleiche Reaktion an unterschiedlichen Orten zu unterschiedlichen chemischen Aktivitäten bzw. Stoffkonzentrationen führt.

Je nach Art des äußeren Zwangs wird bei Transportreaktionen zwischen Strömungsme-
thoden (offenes System), Diffusionsmethoden (geschlossenes System) und Konvektions-
methoden (Schräglage des Transportgefäßes) unterschieden. Ein technisch relevantes Beispiel für chemische Transportreaktionen ist die Reinigung von Nickel nach dem Mond-
Langer-Verfahren ($Ni + 4\,CO \infty Ni(CO)_4$).

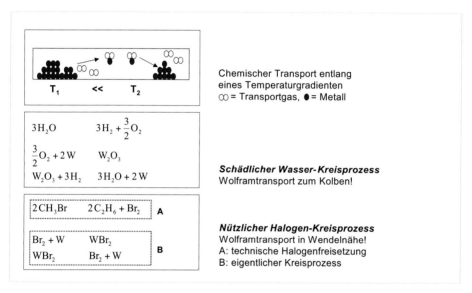

Chemischer Transport entlang
eines Temperaturgradienten
∞ = Transportgas, $\bullet$ = Metall

$$3H_2O \qquad 3H_2 + \frac{3}{2}O_2$$

$$\frac{3}{2}O_2 + 2W \qquad W_2O_3$$

$$W_2O_3 + 3H_2 \qquad 3H_2O + 2W$$

Schädlicher Wasser-Kreisprozess
Wolframtransport zum Kolben!

$$2CH_3Br \qquad 2C_2H_6 + Br_2 \quad \text{A}$$

$$Br_2 + W \qquad WBr_2$$
$$WBr_2 \qquad Br_2 + W \quad \text{B}$$

Nützlicher Halogen-Kreisprozess
Wolframtransport in Wendelnähe!
A: technische Halogenfreisetzung
B: eigentlicher Kreisprozess

**Abb. 3.1 ▶ Visualisierung des chemischen Transports und Darstellung der
chemischen Gleichgewichte, die am Wasser-Kreisprozess und am Halogen-
Kreisprozess beteiligt sind.**

3.2 – Aufbau und Wirkprinzip der Halogenlampe

Das Wirkprinzip von Halogenlampen basiert auf Kreisprozessen, die auf den in Kapitel
3.1 beschriebenen chemischen Transport zurückgehen. So können in der Halogenlampe zwei wichtige chemische Transportprozesse unterschieden werden (Abb. 3.1). Der
schädliche **Wasser-Kreisprozess** transportiert das Wendelmetall Wolfram zur kälteren
Kolbenwand, was die Lebensdauer der Lampe verkürzt. Dabei wird das Wasser meistens
bei der Lampenproduktion über die Glaskolbenwand ins System eingeschleppt. Technisch
versucht man daher, diesen Kreisprozess durch Beschichtung der Wendel mit rotem Phosphor zu unterbinden.

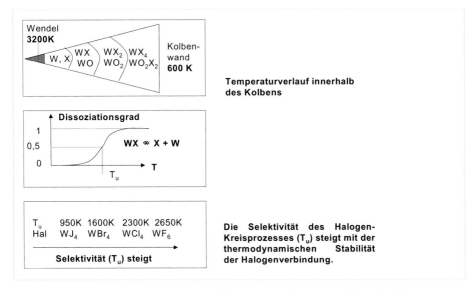

Abb. 3.2 ▶ Der Halogenkreisprozess: Dominante Spezies entlang des Tempera-turgradienten und Selektivität: Ein echter regenerativer Kreisprozess existiert nur beim Fluor.

Ein kurzzeitiges Aufheizen der Wendel (Abblitzen) verdampft den Phosphor und redu-ziert den Wasserdampf unter Bildung von Phosphor-V-Oxid. Erwünschter positiver Ne-beneffekt ist eine Rekristallisation der Wendel, die, wenn der Prozess richtig durchge-führt wird, zu sehr großen Kristallen in der Wendel führt (siehe Ostwaldreifung, Kapi-tel 2).

Der nützliche **Halogen-Kreisprozess** hingegen transportiert verdampftes Wolfram aus der Gasphase zurück in Richtung Wendel, was die Lebensdauer der Lampe verlängert. Er wurde durch Langmuir 1915 bei Zusatz von Jod zum Füllgas einer Glühlampe erst-malig beobachtet und gedeutet und 1959 durch General Electric erstmalig in einer technischen Halogenlampe umgesetzt. Der Halogen-Kreisprozess erlaubt eine Reduk-tion des Kolbenvolumens bis zu einem Faktor 100 gegenüber einer Standardglühlam-pe mit den daraus resultierenden Designvorteilen. Gleichzeitig wird die Lebensdauer der Lampe verlängert und durch eine höhere Wendeltemperatur die Lichtausbeute um bis zu 20% vergrößert.

Die Selektivität des Halogenprozesses wird durch die Gleichgewichtskonstanten bzw. die Umwandlungstemperatur (T_u) im Gleichgewicht zwischen Wolframhalgeniden (WX) und nichtgebundenem Wolfram (W) sowie nichtgebundenen Halgeniden (X) bestimmt $WX \infty$ $W+X$ bestimmt. Je höher T_u ist, desto größer ist die Wahrscheinlichkeit, dass abgedampftes Wolfram an der heißesten Stelle der Wendel rekristalliziert. Obgleich der Halogen-Kreisprozess für die Zudosierung von Fluor in den Lampenkolben die besten Ergebnisse liefert (echter regenerativer Prozess mit Regeneration der hot spots in der Wendel!), werden aus technischen Gründen nur bromierte Methanverbindungen eingesetzt, die im Lampenbetrieb Brom als Transportgas freisetzen. Bromierte Methanverbindungen lassen sich einfacher dosieren als reine Halogenverbindungen und wirken erheblich weniger korrosiv auf die Gaszuführungsanlage. Der Halogen-Kreisprozess verlängert die Lebensdauer der Glühwendel aber nur dann erfolgreich, wenn die Temperatur der Wendelaufhängungen nicht überschritten wird, d. h. deutlich niedriger als die Wendeltemperatur ist, und die Temperatur der Kolbenwand nicht unterschritten wird. Ansonsten droht Metallabscheidung an der Wendelaufhängung bzw. die Kondensation von Wolframoxohalogeniden an der Kolbenwand. Letzteres führt zum Zusammenbrechen des Halogen-Kreispozesses. In leistungsreduzierten (gedimmten) Halogenlampen ist daher der Halogenprozess nur noch sehr eingeschränkt funktionsfähig, was die Lebensdauer des Leuchtmittels reduziert. Sollen Halogenlampen über längere Zeiträume hinweg leistungsreduziert betrieben werden, so ist es ratsam, zwischenzeitlich die Leuchtmittel wieder unter Volllast zu betreiben, da hierdurch die Lebensdauer deutlich verlängert werden kann.

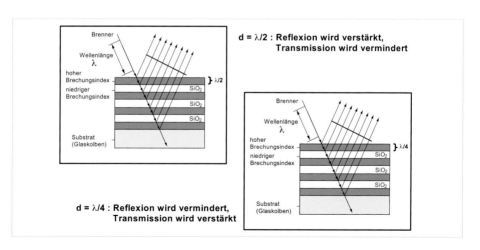

Abb. 3.3 ▶ IRC-Schichten zur wellenlängenselektiven Reflektion von Licht

Eine weitere Effizienzsteigerung kann durch den Einsatz von sogenannten **λ/4-Schichten** und **λ/2-Schichten**, optischen Schichten der Schichtdicke $d = λ/4n$ bzw. $d = λ/2n$ erreicht werden, deren Brechzahl $\sqrt{n_{Glas}}$ ist (Abb. 3.3). Bei einer Glasplatte mit einer zusätzlichen Beschichtung der Dicke $d = λ/4n$ wird Licht der Wellenlänge λ bei senkrechtem Einfall an der Oberfläche nicht reflektiert, sondern tritt nahezu vollständig durch die Glasplatte hindurch (Reflexminderung): Da bei der ein- und ausfallenden Lichtwelle der Gangunterschied genau $λ/2$ beträgt, wird die reflektierte Welle durch destruktive Interferenz ausgelöscht. Derartige $λ/4$- Schichten werden auch zur optischen Vergütung von Glasoberflächen, z. B. bei Kameralinsen, eingesetzt. Im Gegensatz dazu wird auf einer Glasoberfläche, die mit einer Schicht der Dicke $d = λ/2n$ beschichtet ist, nahezu alles Licht reflektiert. Diese Reflexverstärkung wird durch konstruktive Interferenz (Gangunterschied λ) der einfallenden und reflektierten Lichtwelle hervorgerufen.

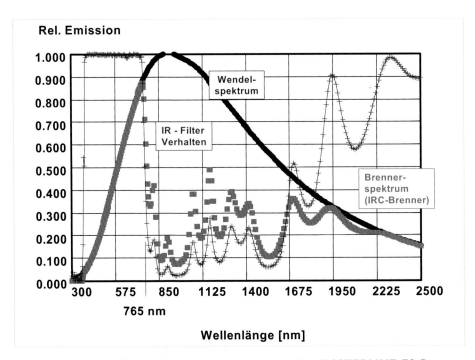

Abb. 3.4 ▶ *Gegenüberstellung der Lichtemission des MASTERLINE ES-Brenners mit und ohne IRC-Beschichtung (Wendelspektrum). Der aus 47 SiO$_2$/Nb$_2$O$_5$ Schichten bestehende IRC-Filter wirft sowohl IR- als auch UV-Strahlung zurück. Jede Schicht wird in einem 2-stufigen mikrowellinduzierten Reaktivsputterprozess (Microdyn™) auf der äußeren Brennerwand erzeugt.*

Im Falle der Halogenlampe bewirkt ein λ/2n-Multischichtsystem, das für λ_1 $\overset{\approx}{IR}$ (Schicht 1) und λ_2 UV (Schicht 2) ausgelegt ist (bimodale Schichtdickeverteilung), eine Reflektion von IR- und UV-Strahlung zurück auf die Wolframwendel, während sichtbares Licht das Schichtsystem nahezu ungehindert durchdringt (Abb. 3.4). Die Schwierigkeit der technischen Umsetzung liegt dabei in der genauen Fokussierung der reflektierten IR-Strahlung. So muss nämlich unbedingt das Aufheizen anderer Lampenteile als die Glühwendel verhindert werden, um den Halogen-Kreisprozess nicht negativ zu beeinflussen. Diese sogenannten IRC-Lampen (IRC = Infra Red Coating) liefern einen bis zu 40 % höheren Lichtstrom. Die Effizienzsteigerung ist dabei von der Geometrie des Lampenkolbens abhängig (Abb. 3.5).

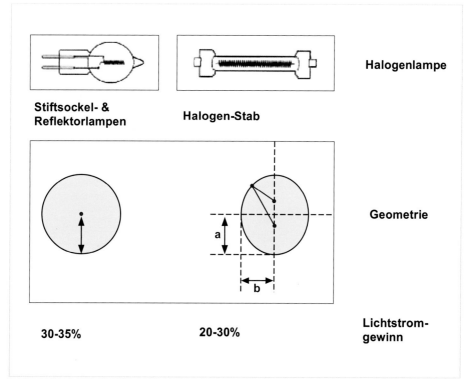

Abb. 3.5 ▶ Abhängigkeit der Steigerung des Wirkungsgrades einer IRC-Beschichtung von der Geometrie des Halogenbrenners. Die Optimale Wirkung einer IRC-Schicht wird bei möglichst kompakter Wendel und kugelförmigem Kolben erreicht.

Die Reduzierung von IR-Strahlung im Licht einer Halogenlampe gelingt bei Reflektorlampen aber auch durch die sogenannte Kaltlichtverspiegelung. Bei Kaltlichtspiegellam-
pen werden im lampeneigenen Reflektor Licht und UV-Strahlung reflektiert. Die Infra-
rotstrahlung wird verstärkt durch den Reflektor hindurch in Richtung Lampensockel ab-
gestrahlt, was die IR-Strahlung im Lichtkegel der Lampe um ca. 30% reduziert. Einen positiven Einfluss auf die Energiebilanz der Lampe selbst haben derartige dichroitische Re-
flektoren allerdings nicht. Oftmals ist es in klimatisierten Räumen jedoch kostengünstiger, Downlights rückseitig durch Konvektion zu kühlen, als die Wärmeleistung über die
Luft des Raumes abzutransportieren.

MASTERLine ES, MasterLine III und MasterLine TC
12 V Niedervolt-Kaltlichtspiegellampen mit IRC-Beschichtung

**MASTER PAR 20E
und EcoClassic 30**
12V-Niedervolt-Kaltlichtspie-
gellampe mit intergriertem
Trafo im E27 Sockel und
Hochvolt-Halogen Lampe ohne Trafo. Hochwertige Substi-
tutionsprodukte für R63 bzw.
Standard Allgebrauchslampen
mit 50% bzw. 30% mehr Lichtausbeute.

**Abb. 3.6 ▶ Moderne Halogen-Reflektorlampen mit Kaltlichtverspiegelung und
IRC-Beschichtung**

Aufgrund ihrer geringen Wirtschaftlichkeit werden Allgebrauchslampen in der Allgemeinbeleuchtung zunehmend durch die energieeffizienteren Hochvolt- und Niedervolt-Halogenlampen, Energiesparlampen und LED-Austauschlampen ersetzt. Eine entsprechende EU-Gesetzgebung (Ökodesign-Richtlinie) wird zur Zeit bereits in Deutschland umgesetzt.

4 Niederdruckentladungslampen

4.1 – Niederdruckplasmen

In Gasentladungslampen wird sichtbares Licht primär durch ein elektrisch angeregtes Plasma erzeugt. Unter einem Plasma versteht man dabei ein Gemisch aus Neutralteilchen, Ionen und Elektronen in verschiedenen Anregungszuständen mit starker Wechselwirkung untereinander und mit den Photonen (Licht), die das Plasma selbst erzeugt. Im Gegensatz zum isothermen Plasma, bei dem ein thermodynamisches Gleichgewicht zwischen allen Teilchen und der die Plasmaphase umgebenden Wände vorliegt, unterliegen im elektrisch erzeugten Plasma nur die Elektronen einer **Maxwell-Bolzmannschen Geschwindigkeitsverteilung**:

$$f(v)dv^3 = n(\frac{m}{2\pi kT})^{3/2} \exp[\frac{-mv^2}{2kT}]dv^3 \qquad \bar{v} = \sqrt{\frac{8kT}{\pi m}} \qquad \text{(Gl. 4.1)}$$

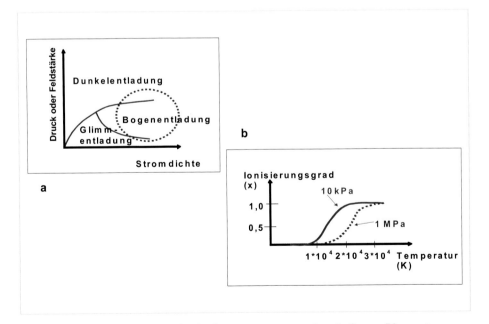

Abb. 4.1 ▶ *a) Abhängigkeit der Lichterzeugung von den äußeren Plasmaparametern Stromdichte und Druck bzw. Feldstärke. b) Abhängigkeit des Ionisierungsgrades eines isothermen Plasmas von der Temperatur. Gezeigt sind zwei Isobaren.*

Der Ionisierungsgrad (χ) eines isothermen Plasmas vergrößert sich mit steigender Temperatur und fallendem Druck. Er wird durch die **Eggert-Saha-Gleichung** (Gl. 4.2) beschrieben. Wie aus Abb. 4.1 hervorgeht, liegt eine signifikante Ionisierung erst bei sehr hohen Temperaturen (> 4.000 K) vor.

$$x^2 p/(1\text{-}x^2) = (2\pi m/h^2)^{3/2}(kT)^{5/2}exp[\text{-}E_i/(kT)] \qquad \text{(Gl. 4.2)}$$

$$\downarrow \quad (f\ddot{u}r\ x{\rightarrow}0)$$

$$x \approx p^{\text{-}1/2}(2\pi m/h^2)^{3/4}(kT)^{5/4}exp[\text{-}E_i/(2kT)] \qquad \text{(Gl. 4.3)}$$

Zur technischen Lichterzeugung in Gasentladungslampen wird immer ein bestimmter Arbeitspunkt innerhalb der Bogenentladung gewählt (4.1a), da hier das Plasma optisch noch ausreichend dünn und der Wirkungsgrad der Lichterzeugung am größten ist. Das emittierte Licht enthält neben den durch Druck und starke lokale elektrische Felder verbreiterten Spektrallinien des angeregten Gases immer auch eine Untergrundstrahlung (Abb. 4.2).

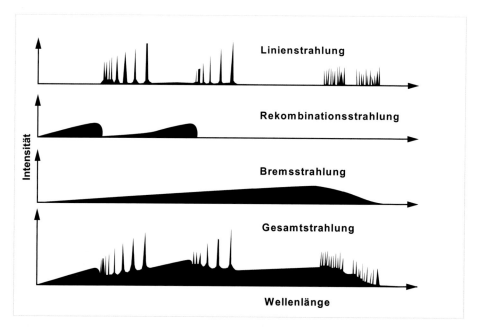

Abb. 4.2 ▶ Zusammensetzung der Lichtemission eines Plasmas. Die Summe aus Rekombinations- und Bremsstrahlung wird auch als Untergrundstrahlung bezeichnet.

Die Untergrundstrahlung wird durch Rekombinationsprozesse zwischen den geladenen Teilchen des Plasmas (Kationen und Elektronen) und das Abbremsen beschleunigter Ladungsträger (Ionen, Elektronen) in Elektrodennähe bewirkt. Dabei korrespondieren die langwelligen Grenzen der **Rekombinationsstrahlung** mit der Ionisierungsenergie der Gasatome im Plasma.

Bei der Zündung einer Niederdruckgasentladung werden mehrere Phasen durchlaufen (Abb. 4.3). Wird an den elektrisch leitfähigen Elektroden einer gasgefüllten Entladungsröhre bei einem Druck von etwa 100 mbar und 25°C eine Spannung angelegt, so beginnt zunächst ein äußerst geringer Strom zu fließen. Während dieser **unselbständigen Entladung** müssen die Ladungsträger von außen in das System eingebracht werden (z. B. durch Glühemission an geheizten Elektroden).

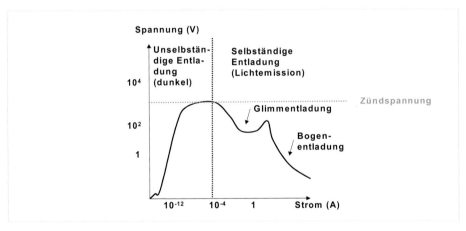

Abb. 4.3 ▶ Zündphasen einer zur technischen Lichterzeugung genutzten Bogenentladung

Die Stärke des elektrischen Feldes reicht in dieser Phase noch nicht aus, um durch Stoßionisation freie Ladungsträger im Gas zu erzeugen. Die freien Ladungsträger geben im Plasma ihre Energie in Form elastischer Stöße ab. Einen zusätzlichen, wenn auch sehr geringen Beitrag zum Stromtransport liefert auch die äußerst geringe Eigenleitfähigkeit von Gasen infolge kosmischer Strahlung (Ionisierung). Während der unselbständigen Entladung leuchtet das Gas nicht (Dunkelentladung), da das elektrische Feld die wenigen Ladungsträger (Elektronen, Ionen) nicht auf eine zur Gasanregung notwendige Geschwindigkeit beschleunigen kann. Überschreitet die äußere Feldstärke (E) hingegen die sogenannte Zündspannung (absolutes Maximum der $U \infty I$-Kurve), so werden die freien Elektronen im Inneren der Entladungsröhre so stark beschleunigt, dass ihre Energie sowohl zur elektrischen Anregung des Gases (Lichtemission) als auch zu dessen Ionisierung (Stoß-ionisation) ausreicht.

Ionisierungsbedingung: $e\overline{\lambda}|\vec{E}| \geq W_i$

W_i = Ionisierungsarbeit

$\overline{\lambda}$ = mittlere freie Weglänge

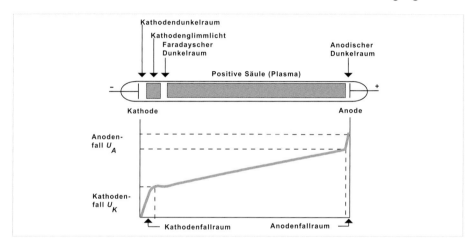

Abb. 4.4 ▶ Schematischer Aufbau einer Glimmentladung

Da die Stoßionisation lawinenartig fortschreitet, nimmt die Leitfähigkeit des Gases so stark zu, dass die Kennlinie der Entladungsröhre negativ wird. Das Gas erzeugt in dieser ersten Phase der **selbständigen Gasentladung**, der sogenannten Glimmentladung, die zum Stromtransport notwendigen Ladungsträger also von selbst.

Die Glimmentladung besteht aus mehreren Zonen, dem Kathodenfallraum, dem Kathodenglimmlicht, dem Faradayschen Dunkelraum, der positiven Säule und dem Anodenfallraum (Abb. 4.4). Sie führt zum Aufbau von Raumladungszonen, d.h. der Gradient des elektrischen Feldes ist im Gegensatz zur unselbständigen Entladung nicht mehr konstant. Sehr große Gradienten entstehen insbesondere in Elektrodennähe. Zur Lichtemission tragen bei der Glimmentladung neben dem Kathodenglimmlicht mit zunehmend größerer Elektrodenentfernung vor allem die positive Säule bei. In der positiven Säule erfolgt die Lichtemission durch Neutralgasanregung infolge der durch das äußere elektrische Feld beschleunigten freien Elektronen. Der Name der positiven Säule resultiert aus ihrer relativen positiven Ladung gegenüber dem Kathodenfallraum, obwohl im Inneren der Säule Quasineutralität herrscht und damit keine Raumladung vorliegt. Wichtige technische Lichtquellen, die Licht auf der Basis von Glimmentladungen erzeugen, sind die sogenannten Kaltkathodenröhren (Reklametafeln, Bildschirmhinterleuchtung beim Laptop).

Bei sehr hohen Strömen werden aus der Kathode durch Ionenbombardement nicht nur Sekundärelektronen herausgelöst, sondern die Kathode bzw. im Wechselstromplasma beide Elektroden so stark aufgeheizt, dass Elektronen durch Glühemission freigesetzt werden. In diesem Fall spricht man von einer **Bogenentladung**.

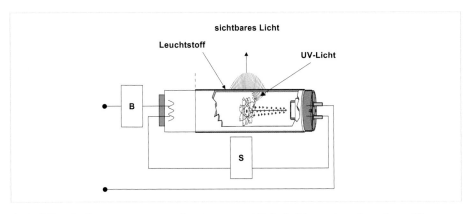

Abb. 4.5 ▶ *Lichterzeugungsmechanismus und Schaltskizze einer Leuchtstofflampe*

Die Elektronen-Emission wird dabei durch hohe Elektrodentemperaturen und Elektrodenbeschichtung mit speziellen Emittermaterialien, z. B. $BaWO_3$, begünstigt. Letztere senken die Aktivierungsenergie (E_A) des Elektronenaustritts. Die Temperaturabhängigkeit des Elektronenstroms (j) gibt das **Richardson-Dushmannsche Gesetz** an:

$$j = CT^2 \exp[\frac{-E_A}{kT}]$$

$$C \approx 20\,Am^{-2}K^{-2}$$

(Gl. 4.4)

E_A (Wolfram) = 4,5 eV

E_A (BaWO$_3$) = 0,3-0,5 eV

Beispiel: T = 300K

$E_A = 4,0\,eV$ ⇔ *1 e$^-$ in 10^{40} Jahren pro cm^{-2} Metalloberfläche*

$E_A = 0,5\,eV$ ⇔ *2,32 10^{13} e$^-$ pro Sekunde pro cm^{-2} Metalloberfläche*

4.2 – Leuchtstofflampen

Die bekanntesten Leuchtmittel, die Licht auf dem Prinzip der Niederdruckgasentladung erzeugen, sind die Leuchtstofflampen (Abb. 4.5). Da der Verlauf der selbständigen Gasentladung eine negative Kennlinie besitzt, muss der durch das Plasma fließende Strom durch ein der Gasentladungslampe vorgeschaltetes strombegrenzendes Bauteil begrenzt werden, damit die Lampe nicht „durchgeht". In der Praxis wird hierfür im einfachsten Fall eine Spule (B) verwendet. Die meist oberhalb der Netzspannung von 230V liegende Zündspannung liefert ein externes Zündgerät, oft auch Starter (S) genannt (Abb. 4.5).

Zur Zündung von Leuchtstofflampen werden die beiden mit Emitterpaste beschichteten Elektroden, die die Form kleiner Glühwendeln besitzen, elektrisch vorgeheizt, um ausreichend freie Ladungsträger im noch kalten Gas der Lampe zu produzieren. Wird dann der Startstromkeis unterbrochen, so zündet der aus dieser Unterbrechung resultierende Spannungsstoß die selbständige Gasentladung. Bei brennender Gasentladung wird dann die zur Glühemission notwendige Elektrodenerwärmung durch das Plasma selbst erzeugt.

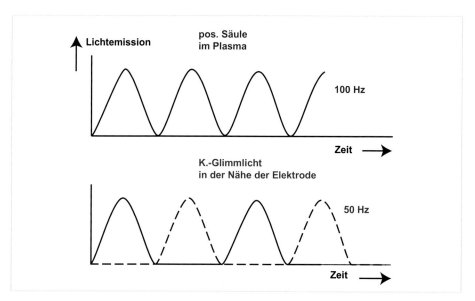

Abb. 4.6 ▶ *Lichtemission einer Leuchtstofflampe bei 230V/50Hz Wechselspannung*

Im 50Hz/230V-Wechselspannungsplasma einer Leuchtstofflampe zündet und erlischt die positive Säule mit einer Frequenz von 100 Hz, ohne dabei ihren Ort relativ zu den beiden Betriebselektroden zu verändern (Abb. 4.6). Das Kathodenglimmlicht hingegen alterniert mit 50 Hz zwischen den umgepolten Elektroden. Aus diesem Grund kann bei allen Leuchtstofflampen, die direkt am 50Hz/230V-Netz betrieben werden, stets ein geringfügiges 50 Hz-Flackern beobachtet werden. In modernen Leuchten sind die Spule und der Starter durch ein elektronisches Vorschaltgerät (EVG) ersetzt. Dieses betreibt die Lampe mit einer kHz-Frquenz von 10 – 40 KHz. Das emittierte Licht wird hierdurch visuell angenehmer. Gleichzeitig zeichnen sich EVGs durch eine geringere Verlustleistung und ggf. auch Dimmoption aus.

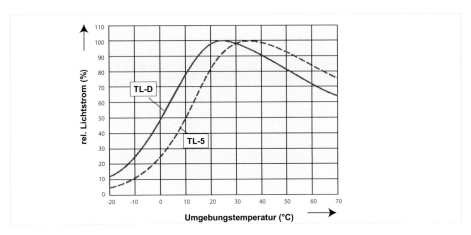

Abb. 4.7 ▶ Abhängigkeit der Lichtemission einer Leuchtstofflampe von der Umgebungstemperatur der Röhre

Die Lichterzeugung in Leuchtstofflampen erfolgt durch die Anregung von Quecksilberatomen in einer Gasentladung, die zudem Argon als Zünd- und Puffergas enthält. Der Betriebsdruck beträgt ca. 10^{-3} mbar. Bei diesem Druck erreicht die Niederdruckquecksilberentladung ihr Effizienzoptimum. Wird der Druck erniedrigt, so sinkt die im Gas zur Anregung zur Verfügung stehende Quecksilberkonzentration, und der Lichtstrom der Lampe geht zurück. Wird der Druck hingegen erhöht, so sinkt der Lichtstrom ebenfalls infolge von Selbstabsorption des Quecksilbers. Aus diesem Grund hängt der Lichtstrom einer Leuchtstofflampe stark von der Temperatur der Röhrenwand (Umgebungstemperatur) ab und durchläuft ein Maximum, dessen absolute Lage mit dem Lampentyp variiert (Abb. 4.7).

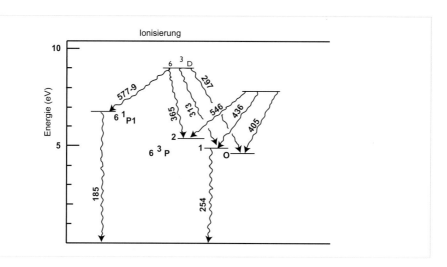

Abb. 4.8 ▶ Termschema des Quecksilbers mit den zwei Hauptemissionslinien bei 185 nm und 253,7 nm

Da die Hauptemission des Quecksilbers im Gegensatz zur Hochdruckentladung bei der in der Leuchtstofflampe vorliegenden Niederdruckentladung ausschließlich im UV-Bereich erfolgt, wird die Innenwand der Leuchtstoffröhre mit fluoreszierenden Leuchtstoffen, den sogenannten „Phosphoren" beschichtet. Dabei müssen mindestens zwei verschiedene Leuchtstoffe eingesetzt werden, um durch additive Farbmischung weißes Licht zu erzeugen. Dies ist bei Standardleuchtstofflampen der Fall. Hier werden mit Zinn und mit Magnesium dotierte Halophosphate verwendet. Weißes Licht mit einer Farbwiedergabe $R_a > 80$ erfordert hingegen den Einsatz von mindestens drei verschiedenen Leuchtstoffen (3-Bandentechnologie, z.B. TL-D Super 80 Leuchtstofflampen). Heutzutage kommen als Leuchtstoffe meist seltenerden-dotierte Aluminate zum Einsatz. Die Konversionsraten moderner Leuchtstoffe liefern eine Quantenausbeute nahe 1. Dies bedeutet, dass fast alle UV-Lichtquanten in sichtbares Licht transformiert werden. Die Energiedifferenz geht dabei in Form von Wärme verloren.

Die Konversion der Quecksilberlinien basiert auf dem Prinzip der **Fluoreszenz** (Abb. 4.9). Wird ein Molekül oder Atom im Kristallverband durch Absorbtion von Lichtquanten elektrisch angeregt, so führt die elektrische Anregung immer auch zur Anregung von Schwingungszuständen, da der Gleichgewichtsabstand des angeregten Zustands zeitlich der Anregung nachläuft (**Franck-Condon-Prinzip**).

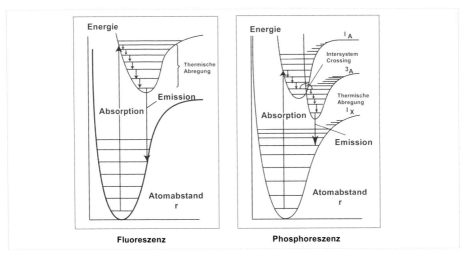

Abb. 4.9 ▶ Gegenüberstellung der An- und Abregungsprozesse bei Fluoreszenz und Phosphoreszenz

Die Abregung kann nun thermisch über Stöße bzw. durch Strahlungsemission erfolgen. Der Prozess der Strahlungsabregung ist dabei dreistufig. Zunächst erfolgt die thermische Abregung der Schwingungszustände des angeregten Zustands. Hierauf stellt sich ein Gleichgewichtsabstand ein, der mit einem höheren Schwingungsniveau des elektrischen Grundzustands korrespondiert. Die nun folgende strahlende Abregung in den elektronischen Grundzustand ist daher niederenergetischer (langwelliger) als die Anregungsstrahlung selbst (**Stokesches Gesetz**, 1852). Die Fluoreszenzstrahlung erlischt stets unmittelbar nach der Anregung (Zeitdifferenz ca. 10^{-8} s $-$ 10^{-6} s). Im Falle eines längeren Nachleuchtens läuft hingegen ein anderer Prozeß ab, der als **Phosphoreszenz** bezeichnet wird. So ist bei schweren Atomen die Spin-Bahn-Kopplung so groß, dass durch energetische Überlappung von Singulett- und Triplettzuständen ein **Intersystem Crossing** erfolgen kann – ein gemäß der quantenmechanischen Auswahlregeln normalerweise verbotener Übergang. Die anschließende Strahlungsemission aus dem angeregten Triplett- in den Singulett-Grundzustand ist dann oftmals stark zeitverzögert.

Heutzutage können miniaturisierte Leuchtstofflampen als sogenannte Energiesparlampen (ESL) direkt zur Substitution von Allgebrauchslampen (Glühlampen) eingesetzt werden. Dabei sind Systeme mit integriertem Vorschalt- und Zündgerät als auch Lampen mit separater Elektronik bekannt (integrated bzw. non-integrated Typen) . Mit Hilfe von zwei bis drei Entladungsröhren von ca. 1 cm Durchmesser, die meist gebogen oder verbrückt sind, werden ESL heute mit bis zu 23 Watt Leistung ($\approx$ 115 W/230V Glühlampenleistung) hergestellt.. Für die Hallenbeleuchtung werden auch Lampen mit einer Anschlussleistung von 60-120 W produziert. ESL besitzen im Vergleich zu Standard-Allgebrauchslampen den Vorteil eines ca. 80% niedrigeren Stromverbrauchs sowie einer um den Faktor 6 – 15 längeren Lebensdauer.

Langlebige Leuchtstofflampen und Kompaktleuchtstofflampen besitzen speziell gefertigte Elektrodenwendeln. Durch einen kontinuierlichen Übergang zwischen dem Wendelkern aus Wolfram und dem Emittermaterial Bariumoxid kann der Verlust von Bariumoxid über die Zeit deutlich reduziert werden. Hierdurch werden die Lampen sehr Schaltfest (> 100.000 Zündungen am Warmstart-EVG) und erreichen mittlere Lebensdauern von über 70.000 Stunden (TL-D Xtreme).

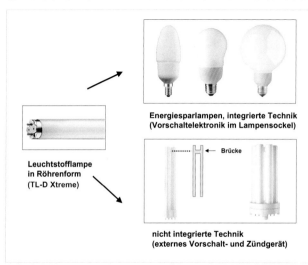

Abb. 4.10 ▶ Moderne Bauformen von Leuchtstofflampen

4.3 – Niederdruck-Natriumdampflampen

Neben den Leuchtstofflampen gehören die Niederdruck-Natriumdampflampen (SOX) und die elektromagnetischen Induktionslampen zu den wichtigsten Vertretern der Niederdruck-Entladungslampen. Das Wirkprinzip der Natrium-Niederdruckentladung basiert auf der Anregung einer Natrium-Doppellinie (Natrium-D-Linie) bei 589 nm. Hierbei handelt es sich um Übergänge zwischen dem ersten angeregten Zustand und dem Grundzustand (Resonanzlinien). Hinter dem Namen „D-Linie" verbirgt sich also kein optischer D→P-Übergang innerhalb des Natriums!

$$1s^2 2s^2 2p^6 3p^1 \rightarrow 1s^2 2s^2 2p^6 3s^1 \quad \Delta n = 0, \Delta l = 1$$

Die Thermmultiplizität von zwei (D=Doppellinie) kann aus dem Vektorgerüstmodell bzw. der systemrelevanten **Clebsch-Gordan-Reihe** abgeleitet werden.

$$^2P_{\frac{3}{2}} \to {}^2S_{\frac{1}{2}} \quad 589,59\,nm \qquad\qquad J = (L+S) + (L-S-1)\ldots\ldots|L-S|$$

$$^2P_{\frac{1}{2}} \to {}^2S_{\frac{1}{2}} \quad 588,99\,nm \qquad\qquad mit\ L = 1\ und\ S = \frac{1}{2}$$

Der optimale Natriumdampfdruck von $4*10^{-3}$ mbar bei 533 K (cold-spot-Temperatur) ergibt sich aus dem Verhältnis zwischen Emission der Doppellinie im heißen Plasmabogen und ihrer Absorption in den kälteren Randzonen. Der Zusatz von Argon mit 1% Neon-Anteil (**Penning-Gemisch**) mit einem Betriebsdruck von etwa 10 mbar dient als Zündhilfe und zur Einstellung der Elektronentemperatur. Im Penning-Gemisch wird der Ionisierungsgrad bereits bei niedrigen Elektrodenspannungen durch Stöße zwischen den Edelgasen untereinander deutlich erhöht:

$$Ne* + Ar \to Ar^+ + e^- + Ne \qquad\qquad \text{(Stoß 2. Art)}$$

Da die cold-spot-Temperatur mit 533 K relativ hoch liegt, wird in Analogie zur Infrarot reflektierenden Schicht einer IRC-Halogenlampe (Kapitel 3) die Innenseite des Außenkolbens mit einer 3 µm dicken ITO-Schicht (ITO = Indium-Zinnoxid) überzogen, die den Brenner durch reflektierte IR-Strahlung von außen heizt. SOX-Lampen gehören zur Lampenklasse mit der höchsten Lichtausbeute. Dies liegt natürlich auch daran, dass diese Leuchtmittel nahe des Maximums der Empfindlichkeitskurve des Auges monochromatisches Licht emittieren.

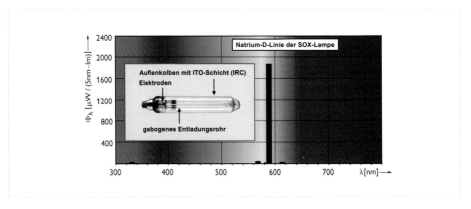

Abb. 4.11 ▶ a) Aufbau und Spektrum der SOX Lampe.

4.4 – Magnetische Induktionslampen

Als letzter Vertreter der Niederdruck-Entladungslampen soll hier noch kurz die elektromagnetische Induktionslampe behandelt werden. Bei diesem Leuchtmittel wird eine Hochfrequenzgasentladung zur Lichterzeugung eingesetzt.

Bei Mikrowellen- oder Radiofrequenzplasmen, also Plasmen, die mit sehr hohen Anregungsfrequenzen erzeugt werden, sind im Gegensatz zu Gleich- oder Wechselstromplasmen keine leitfähigen inneren Elektroden erforderlich. Die Leistungseinkopplung in das Plasma kann mittels eines gegenüber dem Plasma isolierten Kondensators (kapazitive Einkopplung) oder einer Spule (magnetische Einkopplung) erfolgen. Die Energieeinkopplung basiert dabei auf einer zeitabhängigen Umladung von Raumladungszonen in Elektroden- und Wandnähe des Plasmas. Technisch stehen zur Erzeugung derartiger Plasmen die freigegebenen Frequenzbereiche von 2,65 MHz und 13,56 MHz zur Verfügung. Bei den technisch realisierten Leuchtmitteln wird bei Betriebsfrequenzen 250 kHz (Endura, Osram) bzw. 2,65 MHz (QL, Philips) gearbeitet. Die QL-Lampe besitzt einen gegenüber dem Plasma elektrisch isolierten „Spulenfinger" (Abb. 4.12). Als Betriebsgas wird dabei Quecksilberamalgam eingesetzt. Eine Krypton-Grundfüllung dient als Zünd- und Puffergas. Das Wirkprinzip ist also ähnlich dem einer Leuchtstofflampe: Das sichtbare Licht wird aus der primären UV-Emission einer Niederdruck-Quecksilberdampfentladung in Analogie zur Leuchtstofflampe mittels einer Leuchtstoffschicht erzeugt. Der Vorteil der Induktionslampe liegt vor allem in ihrer extrem hohen mittleren System-Lebensdauer von ca. 100.000 Stunden, wobei die Betriebselektronik die schwächste Stelle des Systems darstellt.

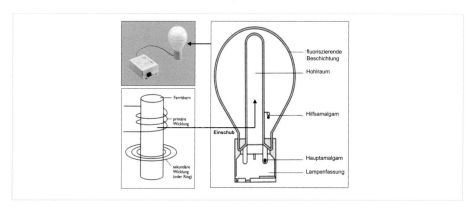

Abb. 4.12 ▶ *Aufbau einer magnetischen Induktionslampe des Typs QL*

5   Hochdruckentladungslampen

5.1 – Hochdruckplasmen

In Hochdruckentladungslampen brennt eine Bogenentladung zwischen zwei meist nur wenige Millimeter entfernten Wolframelektroden. Diese bestehen im Gegensatz zu den heizbaren 70 µm-Wendeln einer Leuchtstofflampe aus wesentlich dickeren nicht heizbaren Wolframdrähten. Ein zusätzliches auf die Wendel aufgebrachtes Emittermaterial sichert, wie bei der Leuchtstofflampe, ein hohes Maß an Elektronenemission (Glühemission) bereits bei niedrigen Temperaturen (Startphase). Die hohen Stromdichten von Bogenentladungen führen im Entladungsbogen während des Lampenbetriebs zu Temperaturen von 6.000 K – 8.000 K (Abb. 5.1).

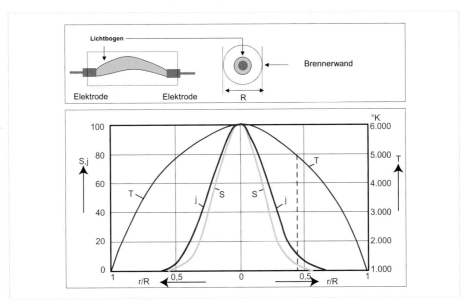

Abb. 5.1 ▶ *Radialer Verlauf von Temperatur (T), Stromdichte (j) und Intensität (S) einer Hochdruck-Quecksilberentladung*

Die hohen Plasmatemperaturen bewirken, dass, im Gegensatz zu Niederdruckentladung, das Hochdruckplasma nahezu isotherm ist. In den heißeren Zonen des Bogens stehen Elektronen und Ionen daher im thermodynamischen Gleichgewicht zueinander. Der Ionisierungsgrad folgt im Hochdruckplasma, also der **Eggert-Saha-Gleichung** (siehe

Kapitel 4), während die thermisch induzierte Lichtemission der **Bolzmann-Gleichung** (Gl. 5.1) genügt. Diese beschreibt die Elektronen-Besetzungsdichte innerhalb eines Gasatoms auf den Grundzustand und höhere angeregte Zustände in Abhängigkeit von der Temperatur. Aus dem exponentiellen Verlauf der Besetzungsdichte geht hervor, dass nur bei sehr hohen Temperaturen Übergänge oberhalb des ersten angeregten Zustands ($n_1 \rightarrow n_0$) eine Rolle spielen. Gerade diese sind es jedoch, die bei der Hochdruckgasentladung im sichtbaren Bereich liegen und direkt, d. h. ohne Konvertierung durch Fluoreszenzleuchtstoffe zur Lichterzeugung genutzt werden können.

$$n_a = n_0 \left(\frac{g_a}{g_0}\right) e^{-\frac{E_a}{kT}} \qquad \text{(Gl. 5.1)}$$

In den kälteren Randzonen der Brennkammer herrschen dagegen nur Temperaturen um 1.000 K. Hier liegt daher kein isothermes Plasma mehr vor. In diesen Brennerzonen wird pro Volumeneinheit oft sogar mehr Licht thermalisiert als erzeugt (Selbstabsorption). Die technisch maximal realisierbaren Wandtemperaturen des Brenners werden durch die verwendeten Kammermaterialien begrenzt (Quarz: 1.100 K, Keramik: 1.500 K). Um den Wärmeverlust durch die Brennerwand und die Oxidation der Stromzuführungen zu reduzieren, wird der Brenner von einem evakuierten oder mit Inertgas gefüllten Hüllkolben (Außenkolben) umgeben. Die Inertgasfüllung reduziert dabei gleichzeitig die Gefahr von Spannungsüberschlägen. Die großen Temperaturunterschiede innerhalb der Brennkammer führen zu starker Gaskonvektion. In horizontal brennenden Plasmen ist der Bogen daher zur oberen Kammerwand hin verschoben (Abb. 5.1 oben).

5.2 – Hochdruck-Quecksilberdampflampen

Eines der bekanntesten Hochdruckentladungssysteme, die zur Lichterzeugung eingesetzt werden, ist die Hochdruck-Quecksilberdampfentladung. Diese führt bei einem Betriebsdruck von 1 – 20 bar zu Lichtausbeuten des Brenners weit oberhalb der Niederdruckentladung einer Leuchtstofflampe, wie ein Vergleich der Betriebsdaten zeigt:

Niederdruck-Quecksilberentladung (Leuchtstofflampe)		**Hochdruck-Quecksilberentladung** (HPL-Lampe)	
Lichtausbeute:	ca. 20 lm/Watt (ohne Leuchtstoff)	Lichtausbeute:	ca. 70 lm/Watt (Brenner)
p_{Hg} (25°C):	10^{-3} mbar	p_{Hg} (25°C):	10^{-3} mbar
$p_{Ar/N2}$ (25°C):	10 mbar	p_{Ar} (25°C):	50 mbar
p_{Hg} (Betrieb):	10^{-2} bar (gesättigt)	p_{Hg} (Betrieb):	1 - 20 bar (ungesättigt)
cold-spot-Temperatur:	≈ 320 K	cold-spot-Temperatur:	nicht vorhanden
max. Wand-Temperatur:	≈ 370 K	max. Wand-Temperatur:	≈ 1.100 K

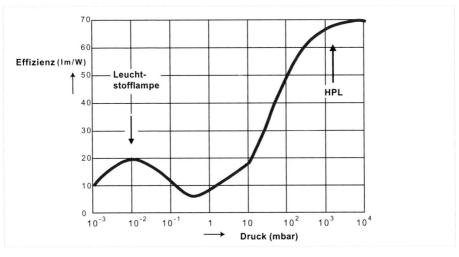

Abb. 5.2 ▶ Abhängigkeit der Lichtemission einer Quecksilberentladung vom Druck des Entladungsrohrs

Die Hochdruck-Quecksilberdampfentladung wird oberhalb von etwa 120V in einem aus Argon und Quecksilber bestehenden **Penning-Gemisch** zwischen der Wolframkathode und einer Hilfsanode gezündet (Abb. 5.3). Die hierbei zunächst ausgebildete Glimmentladung geht dabei rasch in eine zwischen beiden Hauptelektroden brennende Bogenentladung über. Die Quecksilbermenge ist so dosiert, dass ungefähr bei 50% der maximalen Stromaufnahme das Quecksilber vollständig verdampft ist. Zur äußeren Strombegrenzung müssen bei allen Hochdruckentladungslampen ein elektromagnetisches bzw. ein elektronisches Vorschaltgerät verwendet werden.

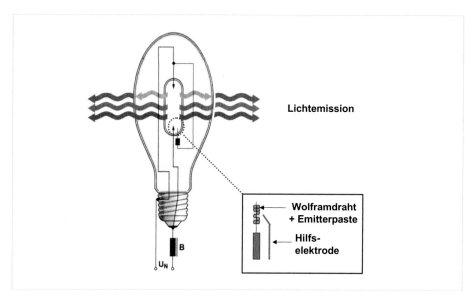

Abb. 5.3 ▶ HPL-Lampe: Zündung mittels Hilfselektrode und Beschichtung des äußeren Hüllkolbens mit Fluoreszenzfarbstoff zur Steigerung der Lichtausbeute im sichtbaren Bereich und Verbesserung der Farbwiedergabe

Das Spektrum der Hochdruck-Quecksilberentladung (Abb. 5.4) zeigt als charakteristische Erscheinung druckverbreiterte Spektrallinien sowie ein schwaches Resonanzspektrum (Untergrund), dessen Intensität mit dem Dampfdruck und der Stromdichte zunimmt. In den optisch dichteren (kälteren) Plasmarandzonen (Wandnähe) tritt **Selbstabsorption** der UV-Linien bei 185 und 254 nm auf. Diese Linien weisen im Emissionsspektrum daher im Zentrum eine Lücke auf, deren Breite mit der Quecksilberkonzentration (Druck) korrespondiert (Thermschema des Hg siehe Kapiel 4). Die absorbierte Strahlung wird dabei in Wärme umgewandelt (Thermalisierung). Die höheren angeregten Zustände, die für die Linienemission im VIS (sichtbarer Bereich) verantwortlich sind, unterliegen hingegen nicht der Selbstabsorption. Ursache ist die gemäß der Bolzmanngleichung (Gl. 4.1) nur sehr schwache Besetzung der höheren angeregten Zustände in den kälteren Randschichten, wodurch die Übergangswahrscheinlichkeiten der Absorbtion verschwindend klein werden. Auch bei der Hochdruck-Quecksilberentladung wird immer noch mehr Licht im UV als im VIS emittiert. Aus diesem Grund und zur Verbesserung der Farbwiedergabe ist die Innenseite des Hüllkolbens einer Standard-Hochdruck-Quecksilberdampflampe (HPL) mit einem rot fluoreszierenden Leuchtstoff beschichtet

[Europium dotiertes Yttriumphosphorvanadat, $Y(P,V)O_4$:Eu]. Bei höherwertigen Leuchtmitteln, wie HPL Comfort Pro oder HPL 4 Pro, werden hingegen Mehrbanden- Leuchtstoffschichten eingesetzt, die zu höheren Lichtströmen und Farbwiedergabeindices führen. Die HPL 4 Pro-Lampe ist zusätzlich lebensdaueroptimiert.

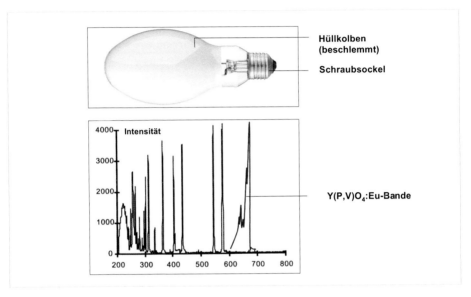

Abb. 5.4 ▶ Aufbau einer Hochdruck-Quecksilberdampflampe und Emissionsspektrum einer HPL-N Lampe

5.3 – Hochdruck-Metallhalogendampflampen

Um die Lichtemission im sichtbaren Bereich noch weiter steigern zu können, wird bei Metallhalogendampflampen (MHL) auf Halogenide bestimmter Metalle zurückgegriffen, wie Alkalimetalle (*Li, Na, Cs*), Elemente der III. und IV. Hauptgruppe (*In, Tl, Sn*) und einige Seltenerdmetalle (*Ho, Dy, Tm*). Die genaue Zusammensetzung variiert je nach Lampentyp. Unter Betriebsbedingungen ist die Gasphase des Brenners an Metallhalogeniden gesättigt. Zur Lichterzeugung tragen sowohl die freien Metalle als auch ihre Monohalogenide bei. Beide Spezies werden erst im Entladungsbogen durch die homolytische Spaltung der Metallhalogenide, aufgrund ihrer geringen Dissoziationsenergie meist Iodide, gebildet. Einige Dampfdruckkurven der unter Betriebsbedingungen stets gesättigten Metallhalogenide sowie der reinen Metalle und des Quecksilbers sind in Abbildung 5.5 wiedergegeben. Wie zu erkennen ist, liegt bei gleicher Temperatur der Dampfdruck der reinen Elemente weit oberhalb dem der korrespondierenden Iodide. Eine Brennerfüllung mit reinen Metallen würde daher nicht zu einer starken Lichterzeugung führen, da bei der üblichen cold-spot-Temperatur von ungefähr 1.000 K nur die Iodide eine ausreichende Flüchtigkeit besitzen. Da in den kälteren Plasmarandzonen die für die Lichtemission im VIS verantwortlichen Spezies (Metalle und ihre Monohalogenide) nicht vorkommen, ist die Selbstabsorption nur gering. Die Plasmarandzonen sind daher optisch dünn. Das neben den Metalliodiden in geringen Mengen zugesetzte Quecksilber dient bei der Metallhalogendampflampe nicht der direkten Lichterzeugung, sondern fungiert als **Puffergas**, um durch elastische Stöße mit den Elektronen des Plasmas die Wandverluste zu reduzieren und die elektrische Feldstärke im Plasma zu vergrößern. Ein zusätzlicher geringer Xenon-Basisdruck im Brenner sichert den Zündbetrieb des Leuchtmittels.

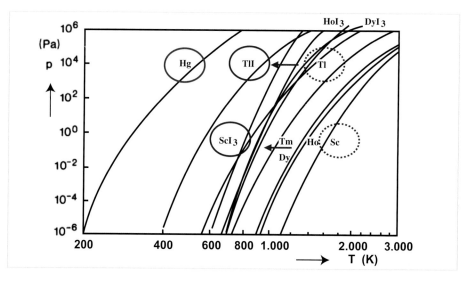

Abb. 5.5 ▶ *Dampfdruckkurven von Quecksilber in Metallhalogendampflampen eingesetzten Metallen und ihrer Iodide*

Die für einen ausreichend hohen Brennerdruck notwendigen cold-spot-Temperaturen von über 1.000 K als auch die hohen Eindiffusionsraten der Metallhalogenide in Quarz bedingen heutzutage die zunehmende Verwendung von Keramikbrennern. Diese bestehen aus doppelt gesintertem polykristallinem Al_2O_3 (90% Transparenz im VIS). Die Keramik-Keramik- und Keramik-Metall-Verbindungen werden bei Keramikbrennern mit Glaslot (CaO-Al_2O_3 mit MgO-, B_2O_3- und BeO-Zusätzen) erzeugt – ein technologisch sehr anspruchsvolles Verfahren. Stromdurchführungen aus Molybdän- oder Niobfolien sichern aufgrund ihres im Vergleich zur Keramik ähnlichen Ausdehnungskoeffizienten eine gute Gasdichtigkeit und eine gute Temperaturbeständigkeit des Brenners. Der im Außenkolben befindliche Getter besteht meist aus einer Zr/Al-Legierung und reduziert die Sauerstoff- und Wasserstoffkonzentration zur Unterdrückung des abträglichen Wasser-Kreisprozesses (siehe Kapitel 3).

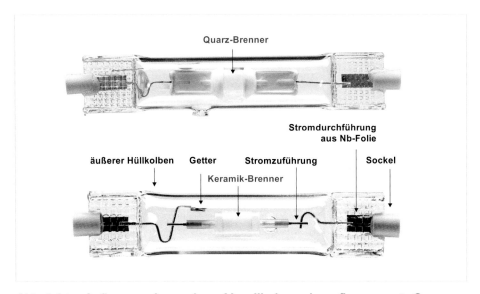

Abb. 5.6 ▶ Aufbau von kompakten Metallhalogendampflampen mit Quarzbrenner (oben: MHN-TD Pro 70 W) und mit Keramikbrenner (unten: MASTER Colour CDM-TD 70 W)

Metallhalogendampflampen mit Keramikbrenner (CDM 20 bis 150 W, CDM = Ceramic Discharge Metalhalide, Abb. 5.7) zählen zu der Lampenklasse mit der besten Farbwiedergabe (R_a > 80 bei 3000 K und R_a > 90 bei 4.200 K) und Farbstabilität (± 150 K nach 10.000 Betriebsstunden). Die Lichtausbeute liegt mit bis zu 110 lm/W (CDM-T Elite Evolution) um ca. 60 % höher als die vergleichbarer Hochdruck-Quecksilberdampflampen. CDM-Leuchtmittel findet man daher heute nicht zuletzt auch wegen ihrer kompakten Bauform und Langlebigkeit vor allem in der Geschäftsraumbeleuchtung. Für die Außenbeleuchtung stehen bereits Lampen zur Verfügung, die am Regel-EVG auf 50% Lichtleistung gedimmt werden können (MASTER City White CDO 70, 100, 150 W). Es stehen bereits Lampen zur Verfügung, die am Regel-EVG auf 50% Lichtleistung gedimmt werden können (Außenbeleuchtung: MASTER CITY White CDO 70, 100, 150 und 250 Watt, Innenbeleuchtung: CDM-T und CDM-TC Elite Lightboost 70 Watt).

Der Bau zuverlässiger Keramiklampen der Leistungsklassen 250W und 400W ist technologisch äußerst anspruchsvoll, da Wand- und Elektrodenbelastung immer weiter ansteigen. Erste Vertreter dieser Lampenklasse stellen unter anderem die CDM-T 250W und CDO-TT 250W Lampen dar. Des weiteren wurde speziell für die Außenbeleuchtung ein Lampensystem entwickelt, das bei geringerer Farbwiedergabe einen Systemwirkungsgrad von über 106 lm/W besitzt (CosmoWhite 60W). Bei einer Bewertung der Lichtströme nach dem Dämmerungssehen (mesopisches Sehen, siehe Kapitel 1), der in der Außenbeleuchtung am häufigsten auftretende Fall, übertrifft der Systemwirkungsgrad den einer modernen Hochdrucknatriumdampflampe um etwa 30%.

Der Einsatz von EVGs in der Außenbeleuchtung gilt mittlerweile als technologisch beherrschbar. So besitzen die modernsten Geräte (z. B. HID-PV Xtreme) nur noch eine Ausfallrate etwa 5% nach 80.000 h, bei sehr gutem Feuchtigkeitsschutz (IP 68) und Überspannungsfestigkeit bis 10kV. In naher Zukunft werden auch Regel-EVGs zur Verfügung stehen, die auch bei CosmoWhite Lampen einen leistungsreduzierten Betrieb ermöglichen. In der Innenbeleuchtung wurde mit der CDM Elite ein Leuchtmittel geschaffen, bei dem gleichzeitig Farbwiedergabe, Wirkungsgrad und Lichtstromrückgang deutlich verbessert wurden. Die Lampe ähnelt äußerlich der CDM Lampe, besitzt aber einen im Vergleich zu CDM-Lampen deutlich komprimierteren Brenner und eine veränderte Brennerfüllung, die den Lichtstromrückgang über die Lampenlebensdauer durch einen Halogen-Kreisprozess mindert.

Abb. 5.7 ▶ *MASTER Colour CDM-TC 35W/830 mit elektronischem Vorschaltgerät (links) und MASTER Colour CDM-Tm Elite Mini 20W/930 GU 6.5 (rechts).*

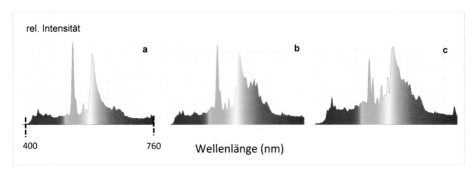

Abb. 5.8 ▶ *Spektren von (a) MASTER Colour CDM-T 35 W/830, (b) MASTER Colour CDM-T Elite 35 W/930 und (c) MASTER Coulour CDM-T Elite Evolution 35 W/930. Die Steigerung der spektralen Kontinutität im Bereich von 500 bis 650 nm verbessert die Farbwiedergabe und die Effizienz der Lichtquellen.*

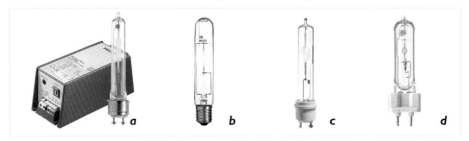

Abb. 5.9 ▶ *(a) CosmoWhite 60W/728 mit dazugehörigem Betriebsgerät, (b) CDO-TT250W/830, (c) MASTER Colour CDM-T Elite MW 315W/930 und (d) MASTER Colour CDM-T Evolution 35W/930 mit einer Lampenlichtausbeute von 110 lm/W. Die Lampe besitzt eine integrierte Zündhilfe, die vor der Hauptbrennerzündung UV-Strahlung emittiert und den Zusatz des radioaktiven Kryptonisotops 85Kr als Zündgas nicht mehr erforderlich macht.*

5.4 – Hochdruck-Natriumdampflampen

Die dritte wichtige Klasse von Hochdrucklampen stellen die Hochdruck-Natrium-dampflampen dar (NAV, SON; Abb. 5.9). Das Spektrum einer Hochdruck-Natrium-dampflampe zeigt eine durch Resonanzwechselwirkung der Natriumatome untereinander als auch durch Van-der-Waals-Wechselwirkung mit dem Puffergas Quecksilber oder Xenon starke Linienverbreiterung. Dabei wird das Zentrum der Doppellinien von den wandnahen optisch dichten Plasmaschichten reabsorbiert und thermalisiert. Die Nicht-resonanzlinien, also Übergänge innerhalb der höheren angeregten Zustände und innerhalb molekularer Spezies, tragen zu 50 - 60 % zur Gesamtstrahlung bei.

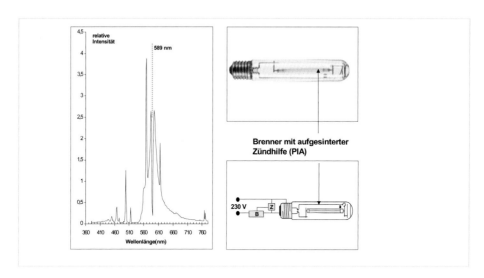

Abb. 5.10 ▶ Foto, Anschlussskizze und Emissionsspektrum einer MASTER SON-T APIA Plus Hg Free 150 W Lampe.

Es sind vor allem die Linien der 1. und 2. Nebenserie (4s→3p; 3d, 4d→3p mit 569, 819 und 1139 nm) sowie Molekülbanden bei 437 nm, 452 nm und 552 nm beteiligt. Die hohe cold-spot-Temperatur von 970 K als auch Wandtemperaturen von bis zu 1.550 K erlauben es nicht, hoch reduktive Natriumplasmen in Quarzbrennern zu betreiben. Bei Hochdruck-Natriumdampf-Lampen kommen folglich ausschließlich Keramikbrenner zum Einsatz.

Hochdruck-Natriumentladung

Lichtausbeute:	ca. 120 lm/Watt
pHg (Betrieb):	1 bar
pXe (Betrieb):	3,3 bar (nur bei Hg-freien Lampen, sonst nur 0,1 bar als Zündgas)
pNa (Betrieb):	150 mbar (gesättigt)
cold-spot-Temp.:	970 K
max. Wand-Temp.:	1550 K
Farbtemperatur:	2000 K
Farbwiedergabe:	R_a 20

In Standard-Lampen wird Natrium als 25%iges Natriumamalgam in den Brenner dosiert. Das Quecksilber, das im Betrieb ebenfalls gesättigt vorliegt, übernimmt hier die Funktion des Puffergases. In quecksilberfreien Lampen wird statt Quecksilber Xenon als Puffergas eingesetzt, was das Emissionsspektrum im VIS kaum verändert, die UV-Emission des Leuchtmittels aber etwas mindert. Um die Zündspannung quecksilberfreier Hochdrucknatriumdampflampen (Hg-free) und Hochdruck-Natriumdampflampen mit erhöhtem Brennerdruck bzw. Lichtstrom (Super, Plus) mit Standardnatriumdampflampen elektrisch kompatibel zu machen, muss am Brenner zusätzlich eine äußere Zündklappe oder aufgesinterte Zündhilfe (PIA) angebracht werden, was die Zündspannung der Leuchtmittel senkt. Da sich die PIA-Technologie auch auf Standardnatriumdampflampen positiv auswirkt (höhere Brennerlebensdauer, geringerer Lichtstromrückgang) wird sie heute generell bei allen hochwertigen Natriumdampflampen eingesetzt. Bei Lampen mit Einbrenner-Technologie werden heute 5% Ausfallraten von 24.000 h und Mittlere Lebensdauern von 40.000 h erreicht.

Das Phänomen der Druckverbreiterung und Selbstabsorption nimmt bei HochdruckNatriumdampflampen drastisch mit wachsendem Brennerdruck zu. (Abb. 5.10). SDW-T-Lampen, die bei ca. 20 bar Betriebsdruck betrieben werden, verfügen daher über noch stärker verbreiterte Spektren, was die Lichtausbeute zwar reduziert, dafür aber die Farbtemperatur um ca. 500 K auf 2.500 K erhöht und die Farbwiedergabe drastisch von R_a 20 auf R_a > 80 verbessert. SDW-T und die noch kleineren SDW-TG Leuchtmittel (Abb. 5.11) werden in der Innenbeleuchtung als Alternative zur CDM-Lampe wegen ihrer hervorragenden Rot- und Braunwiedergabe besonders im Lebensmittelbereich eingesetzt.

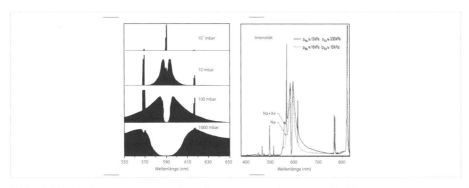

Abb. 5.11 ▶ Selbstabsorption der Natriumdampfemission in Abhängigkeit vom Betriebsdruck des Brenners und Emissionsspektrum einer quecksilberfreien Hochdruck-Natriumdampflampe (Master SON PIA Hg-free).

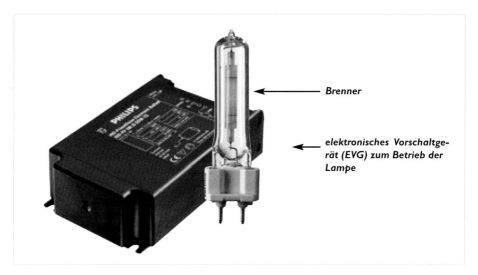

Brenner

elektronisches Vorschaltgerät (EVG) zum Betrieb der Lampe

Abb. 5.12 ▶ Hochdruck-Natriumdampflampe MASTER SDW-TG Lampe mit EVG.

5. 5 – Leistungsreduktion von Hochdruckentladungslampen

Jede Hochdruckentladungslampe besitzt eine Kennlinie (Abb. 5.13). Der Verlauf dieser Kennlinie hat einen bedeutenden Einfluss darauf, wie stark die Leistungsaufnahme einer Hochdruckentladungslampe variiert werden kann, ohne dabei zu verlöschen. Die Möglichkeit, Elektroden von außen zu heizen, um Leistungsreduktion bis auf 1-2 % Lichtstromniveau zu erreichen – wie heute bei Leuchtstofflampen möglich - besteht bei Hochdruck-entladungslampen nach jetziger Bauart nicht. Die Elektroden sind ausschließlich selbstheizend. Das minimal technisch mögliche Absenkniveau ist daher je nach Type auf 70 – 30 % Nominal-Leistungsaufnahme begrenzt.

Bei einer Änderung der Leistungsaufnahme einer Hochdruckentladungslampe treten im Gegensatz zu Leuchtstofflampen immer auch deutliche spektrale Veränderungen auf. Unterhalb von 100 % Nennleistung bewirkt die abnehmende Bogentemperatur eine Reduktion der Halbwertsbreiten der Emissionslinien (Abb. 5.14). Besonders bei mehrkomponentigen Systemen, wie Metallhalogendampflampen, kommt es zudem infolge differenter Dampfdruckkurven der lichterzeugenden Spezies zu deutlicht sichtbaren Veränderungen der Farborte und schlechteren Farbwiedergabeeigenschaften (Abb. 5.15).

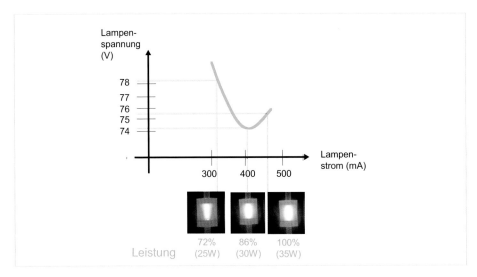

Abb. 5.13 ▶ Kennline einer CDM-T 35W Lampe unter Vollast und Leistungs-reduktion

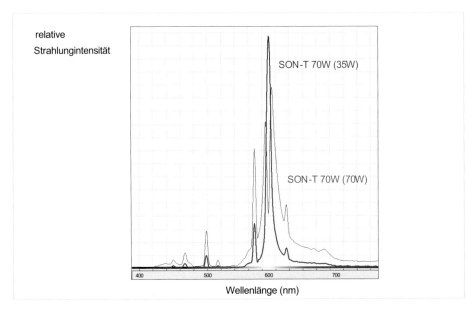

Abb. 5.14 Spektren von Hochdruck-Natriumdampflampen, SON-T 70W am 70W-EVG und am 35W-EVG (eigene Messung durch Papierdiffusor).

Allen heute bekannten Arten der Leistungsreduzierung ist zudem gemeinsam, dass bei zunehmend geringerer Leistungsaufnahme der Lampenwirkungsgrad sinkt. Zudem treten selbst bei optimaler technischer Umsetzung bei fast allen Leuchtmittelklassen negative Einflüsse bezüglich des Lampenlichtstroms, der Lampenlebensdauer, der Farbwiedergabe oder der Farbtemperatur des Leuchtmittels auf.

5.5.1 – Elektrische Schaltungstypen und Herstellerfreigaben

In der Praxis werden zur Helligkeitssteuerung an konventionellen Vorschaltgeräten (KVG) überwiegend Amplitudensteuerungen eingesetzt, aber auch die Anschnittsteuerung mit ihrer Stromflusszeitenänderung findet immer häufiger Verwendung. Bei der Amplitudensteuerung werden entweder mittels eines Stelltransformators die Netzspannung reduziert oder mittels Impedanzvariation der Lampenstrom verringert. Elektronische Vorschaltgeräte arbeiten überwiegend nach dem Prinzip der Impulsweitensteuerung. Einen Überblick über die Methoden gibt Tabelle 5.1.

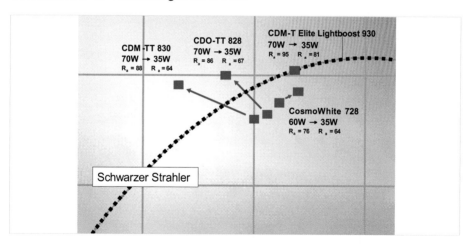

Abb. 5.15 ▶ *Spektren von Hochdruck-Metallhalogendampflampen. Eine Leistungsreduktion von 70W (CDM, CDO) bzw. 60W (CosmoWhite, CPO) führt zu einer Verschiebung der Farborte und einer Reduktion der Farbwiedergabeindizes (eigene Messung durch Papierdiffusor). In der Messung wurde tiefer abgesenkt als von Philips empfohlen: Bei CDM-TT 830 wird von Philips keine Leistungsreduktion freigegeben, bei CDO-TT Freigabe am EVG nur bis minimal 45W (65% Nominal-Leistung), bei CosmoWhite Freigabe am EVG nur bis minimal 45W (75% Nominal-Leistung). Bei der CDM-T 70 W Elite Lightboost bleibt der Farbort bei der Dimmung unverändert, eine Leistungsreduktion ist bis 50% Nominalleistung am Regel-EVG freigegeben.*

Von den führenden Leuchtmittelherstellern werden allerdings nur begrenzt Leuchtmittel unter Aufrechterhaltung der Produktgewährleistung zum leistungsreduzierten Betrieb freigegeben. Einen Überblick gibt Tabelle 5.2. Bei allen anderen Arten der Leistungsreduzierung handelt der Anwender auf eigene Verantwortung.

Möglichkeiten der Leistungsreduktion

Konventionell bei 50Hz (Betrieb am elektromagnetischen Vorschaltgerät, KVG)
- Absenkung der Netzspannung (Stelltransformator)
- Impulsweitensteuerung (Phasenanschnitt, Phasenabschnitt)
- Impedanzvariation (2-Stufen-KVG)

Elektronisch (Betrieb am elektronischen Vorschaltgerät, EVG)
- Impulsweitensteuerung, meist bei 130 - 150 Hz Basisfrequenz
- Frequenzmodulation, meist bei 300 - 600 kHz Basisfrequenz

Tabelle 5.1 ▶ Elektrische Schaltungstypen zur Leistungsreduktion

Lampenklasse	Bezeichnung	Freigabe
Hochdruck-Quecksilberdampflampe	HPL/HQL	keine
Hochdruck-Metallhalogendampflampe	CDM/HCI/MHN	keine
Hochdruck-Metallhalogendampflampe	HPI/HQI	keine
Hochdruck-Natriumdampflampe	SON/NAV	2-Stufen-KVG und Regel-EVG
Hochdruck-Metallhalogendampflampe	CDO	Regel-EVG
	CDM-Elite Lightboost	Regel-EVG
Hochdruck-Metallhalogendampflampe	CosmoWhite	Regel-EVG

Tabelle 5.2 ▶ Freigaben der großen Leuchtmittelhersteller (Osram, Philips) zur Leistungsreduktion.

Die Firma Philips Lighting hat das Verhalten von Entladungslampen bei Über- und Unterspannung näher untersucht. Einen generellen Überblick über das Verhalten bei dauerhaftem Betrieb an Unter- bzw. Überspannung geben die Tabellen 5.3. und 5.4 wieder. Die minimale Spannung für den technisch noch möglichen Betrieb einer Entladungslampe variiert zwischen den Lampenklassen und den Wattagen der Leuchtmittel. Es gilt: Je höher die Wattage, desto tiefere Absenkungen sind möglich.

Leuchtmittel mit unbeschichteten Wolframelektroden, wie Hochdruck-Metallhalogen-dampflampen, können nicht soweit abgesenkt werden, wie Hochdruck-Quecksilber-dampflampen oder Hochdruck-Natriumdampflampen. Es sei an dieser Stelle darauf hingewiesen, dass in der Straßenbeleuchtung der Unterschied in der Zuleitungslänge zwischen dem ersten und dem letzten Lichtpunkt eines Straßenzuges mehrere 100 Meter betragen kann. Bei den weiter entfernten Lichtpunkten, an denen statt Nominal 230 V nur eine Versorgungsspannung von oftmals weniger als 200 V anliegt, sind die Möglichkeiten einer technisch sicheren Leistungsreduktion ohne den Einsatz von elektronischen Vorschaltgeräten stark eingeschränkt. Im Folgenden wird auf die wichtigsten Lampenklassen näher eingegangen.

	SOX	SON	SON Comf.	SDW-T	HPL, ML	HPI	MHN-TD	CDM/CDO
Farbtemperatur	kein	kein	sehr negativ	sehr negativ	kein	negativ	negativ	kein
Farbverschiebung über die Lebensdauer	kein	kein	kein	kein	kein	kein	positiv	kein
Zündfähigkeit	negativ	kein	kein	kein	kein	kein	kein	kein
Lichtstromrückgang	kein	positiv	kein	kein	negativ	negativ	negativ	negativ
Mittlere Lebensdauer	negativ	positiv	positiv	kein	kein	negativ	kein	kein

Tabelle 5.3 ▶ *Einfluss von 10 % Spannungsabsenkung im Dauerbetrieb am 230 V-KVG auf die Performance-Eigenschaften einer Entladungslampe.*

	SOX	SON	SON Comf.	SDW-T	HPL, ML	HPI	MHN-TD	CDM/CDO
Farbtemperatur	kein	kein	positiv	kein	kein	negativ	negativ	kein
Farbverschiebung über die Lebensdauer	kein	kein	kein	kein	kein	kein	negativ	kein
Zündfähigkeit	kein	kein	kein	kein	negativ	kein	kein	kein
Lichtstromrückgang	kein	negativ	negativ	kein	negativ	negativ	negativ	negativ
Mittlere Lebensdauer	kein	negativ	negativ	kein	negativ	negativ	negativ	negativ

Tabelle 5.4 ▶ *Einfluss von 6 % Überspannung im Dauerbetrieb am 230 V-KVG auf die Performance-Eigenschaften einer Entladungslampe.*

5.5.2 – Reduktion von Hochdruck-Quecksilberdampflampen (HPL/HQL)

Technische Untersuchungen im Hause Philips Lighting zeigen, dass eine Spannungsabsenkung mittels Stelltransformator bei HPL-Lampen zu einem zusätzlichen Lichtstromrückgang von 10 bis 20 % innerhalb der ersten 4.000 Brennstunden führt. Der Lichtstromrückgang ist umso größer, je tiefer die Absenkung vorgenommen wird, und beträgt über die ganze Lampenlebensdauer zusätzlich bis zu 40 %. Die Unterklassen HPL, HPL Comfort und HPL 4 weisen dabei ein nahezu analoges Verhalten auf.

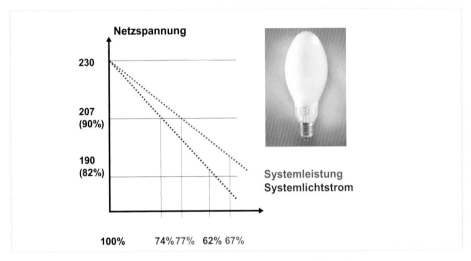

Abb. 5.16 ▶ *Kennlinie der Leistungsreduzierung einer HPL-Lampe*

Die Lebensdauer der Lampen (bei HPL-N 10% Ausfall nach 10.000 h und bei HPL 4 10 % Ausfall nach 16.000 h) wird hingegen kaum beeinträchtigt; bei Spannungsabsenkungen bis zu 10 % sogar geringfügig verlängert. Wie in Abbildung 5.16 dargestellt ist, wird die Energiebilanz mit zunehmender Spannungsabsenkung immer ungünstiger. Bei der Absenkung der Primärspannung ist immer darauf zu achten, dass auch bei der kleinsten Helligkeitsstufe die 50-Hz-Wiederzündspannung nicht unterschritten werden darf, sonst erlischt die Lampe. Dabei darf nicht immer vom Nominalwert der Brennspannung unter Volllast ausgegangen werden, denn die Brennspannung steigt bei Hochdruckentladungslampen fast immer mit zunehmendem Alter der Leuchtmittel.

Da Quecksilber-Hochdrucklampen Elektroden besitzen, die nicht, wie z. B. bei leistungsgeminderten Leuchtstofflampen, extern nachgeheizt werden können, ist bei HPL 50 W bis 125 W eine minimale Leistungsaufnahme von etwa 60 % für den sicheren Lampenbetrieb erforderlich, bei 250 und 400 W genügen 50 % hingegen Leistungsaufnahme. Beim Lampenstart sollte die Lampe immer unter Volllast hochlaufen, um die Kaltphase der Elektroden so kurz wie möglich zu halten. Weit verbreitet ist zudem bei HPL/HQL-

Lampen die Amplitudenmodulation (Strommodulation) mittels Impedanzänderung des Vorschaltgeräts. Technisch wird hierbei meist mit einem zweistufigen Vorschaltgerät (Drosselspule mit Haupt- & Zusatzimpendanz) gearbeitet, damit beim Umschalten keine stromlose Pause entsteht, die die Lampe negativ beeinträchtigt. Die Auswirkungen auf die Lampe sind den Folgen der Spannungsabsenkung sehr ähnlich, obgleich tiefere Absenkungen möglich sind, da die Brennspannung der Lampe später unterschritten wird.

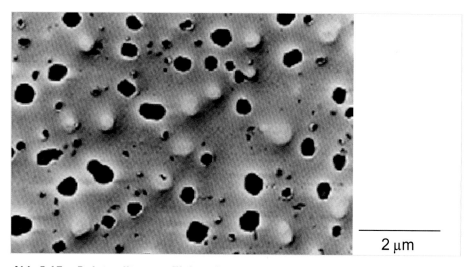

2 µm

Abb. 5.17 ▶ Rekristallisiertes Elektrodenmaterial (Ba/Ca-Oxid, BaWO$_4$) auf der Quarz-Brennerwand einer HPL-Lampe. Die Kristallisation erfolgt nicht als homogener Film, sodass relativ große Materialmengen auf der Brennerwand abgeschieden werden können, ehe der Lichtstrom durch den Abscheidungseffekt signifikant zurückgeht.

Bei der Phasenanschnittsteuerung müssen im Gegensatz zur Amplitudenmodulation die Leuchtenkondensatoren ausgebaut werden, da es sonst zu negativen Rückkopplungen kommen kann. Eine Zentralkompensation hinter der Modulationseinheit (z.B. Triac-Schaltung) ist empfehlenswert. Die Phasenanschnittmodulation bewirkt im Vergleich zur Amplitudenmodulation eine deutlich höhere Schädigung der Hochdruck-Quecksilberdampflampen. Ursache ist die stromlose Pause, die bei jeder 50-Hz-Halbwelle an einer der Lampenelektroden auftritt und diese temporär stark abkühlt. Hierdurch entsteht vor der Kathode ein vergrößerter Kathodenfall, und die Ionisierung des Plasma-Raums vor der Elektrode wird geringer. Unmittelbare Folge ist eine erhöhte Wiederzündspitze

(Abb. 5.18), die einen sputterbedingten Materialverlust der Elektroden (emitterbe-schichtetes Wolfram) bewirkt, der auf dem Quarzbrenner rekristallisiert und den Licht-austritt verringert („Schwärzen des Brenners",Abb. 5.17). Die stromlosen Pausen ver-größern zudem das 50-Hz-Flimmern der Lampen. Des weiteren treten oftmals HF-Stör-signale durch sprunghafte Verlagerung des Lichtbogenansatzes an den Elektroden auf. Die Lampen werden hierdurch zu Hochfrequenzemittern und belasten die Netze. Zusam-menfassend kann festgestellt werden, dass die Amplitudenmodulation bei HPL/HQL-Lam-pen dem Phasenanschnitt vorzuziehen ist. Da der Lichtstrom von HPL-Lampen aber auch bei optimaler technischer Umsetzung erheblich zurückgeht, ist von einer Leistungsre-duktion bei Hochdruckquecksilberdampflampen eher abzuraten. Soll sie dennoch um-gesetzt werden, so kann durch Einsatz höherwertiger Leuchtmittel, wie HPL 4, die cir-ca 20 % bis 30% mehr Licht über die Betriebsdauer der Lampe liefern, die Lichtstrom-schädigung von HPL/HQL-Standardlampen wenigstens teilweise kompensiert werden. Der zuküftige Einsatz von Hochdruck-Quecksilberdampflampen wird allerdings durch den sei-tens der Europäischen Kommision geplanten Entzug des CE-Zeichens für diese Leucht-mitteltype (2016) stark zurückgehen.

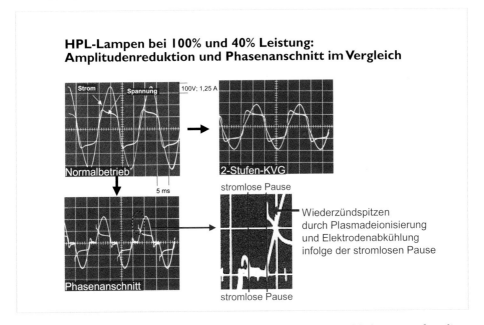

Abb. 5.18 ▶ Oszillogramme der Leistungsreduzierung von HPL-Lampen. Ampli-tudenreduktion und Phasenanschnitt im Vergleich.

5.5.3 – Reduktion von Hochdruck-Natriumdampflampen (NAV/SON)

Untersuchungen zeigen, dass eine Spannungsabsenkung mittels Stelltransformator bei SON-Lampen weder das Lichtstromverhalten noch die Lebensdauer bei 10% Unterspannung negativ beeinträchtigt. Für noch tiefere Spannungsabsenkungen liegen zur Zeit keine fundierten Messdaten vor.

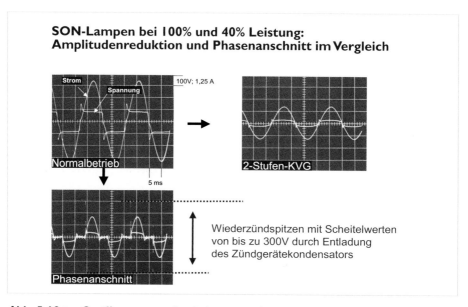

Abb. 5.19 ▶ *Oszillogramme der Leistungsreduzierung von SON-Lampen. Amplitudenreduktion und Phasenanschnitt im Vergleich.*

Weit verbreitet ist zudem bei SON-Lampen, wie auch bei HPL-Lampen, die Amplitudenmodulation (Strommodulation) mittels Impedanzänderung des Vorschaltgeräts. Die Auswirkungen auf die Lampe sind den Folgen der Spannungsabsenkung sehr ähnlich, obgleich, wie auch beim HPL/HQL-System, tiefere Absenkungen möglich sind, da die Brennspannung der Lampe (50-Hz-Wiederzündspannung) später unterschritten wird.

Bei der Phasenanschnittssteuerung muss, neben dem Ausbau der Leuchtenkondensatoren, auf negative Wechselwirkungen mit den immer im System befindlichen externen Zündgeräten geachtet werden (Ausnahme SON-I oder SON-H). Der überwiegende Teil der SON/NAV-Installationen ist heutzutage mit Überlagerungszündgeräten (Reihenschaltung zu Vorschaltgerät und Lampe) ausgerüstet, die am Eingang einen HF-Rückschlusskondensator besitzen. Dieser wird beim Anschnittsteuerbetrieb auf nahezu das Doppelte des Spannungsaugenblickswerts aufgeladen.

Dies führt in der Lampe zu Wiederzündspitzen von über 300 V (Abb. 5.19). Hierdurch bzw. durch Oberwellen kann das Zündgerät auch während des Betriebs der Natriumdampflampe in Betrieb gesetzt werden, sodass es schon innerhalb der ersten 2.000 Betriebsstunden zu einem Totalausfall der Lampe und/oder des Zündgeräts kommen kann. Es ist daher entweder auf Überlagerungszündgeräte mit ausreichend langen Ladezeitkonstanten für den Stoßkondensator zu achten oder auf semiparallele Vorschalt- und Zündgeräte umzurüsten (z. B. Typ Philips SN … T5, 15), bei denen dieser Effekt nicht so stark zum Tragen kommt. Letztere besitzen ohnehin den Vorteil, dass Vorschalt- und Zündgerät circa zehnmal weiter von der Lampe entfernt installiert werden können, d.h. in 10 m bis 20 m Entfernung. Hierdurch wird ein Lichtpunktdesign möglich, bei dem Vorschalt- und Zündgerät im Mastfuß installiert werden können, was die Anlagenwartung erheblich vereinfacht. Zudem ist bei Semiparallelzündgeräten die Verlustleistung geringer.

Beim moderaten Phasenanschnitt (10 % Leistungsminderung) wurde eine geringfügige Verbesserung des bei Natriumdampflampen ohnehin kleinen Lichtstromrückgangs gemessen. Auch bei längeren Strompausen führt der durch Sputtern induzierte Elektrodenabtrag nicht zu einem so starken Lichtstromrückgang wie beim HPL/HQL-System. Ursache ist dabei vor allem die lang gezogenere Brennergeometrie der SON-Lampe. Phasenanschnitt führt aber auch bei der SON-Lampe zu einem 50-Hz-Flimmern. Hochfrequente Arcsprünge, die die Netze belasten, werden bei SON-Lampen hingegen nicht beobachtet. Für Natriumdampflampen von 70 bis 150 W stehen heutzutage regelbare elektronische Vorschaltgeräte zur Verfügung (z. B. Philips HID-DV SON), die eine dauerhafte Leistungsreduzierung auf bis zu 20 % Lichtstrom bei dann 35 % Leistungsaufnahme zulassen.
Unterhalb von etwa 60 % Leistungsaufnahme kann jedoch bei SON/NAV-Lampen ein Drift in Richtung monochromatische SOX-Strahlung beobachtet werden: Die Lichtfarbe wird zunehmend gelbrötlicher und die Farbwiedergabe fällt auf Ra < 10 ab. Neben einer Verlängerung der Lampenlebensdauer um bis zu 30 % besitzt der Betrieb am regelbaren Vorschaltgerät zudem den Vorteil einer deutlich tieferen, stufenlosen Absenkung und eines völlig flimmerfreien Lichts (Betriebsfrequenz > 130 Hz). Dies ermöglicht in Kombination mit geeigneten Steueranlagen ein modernes Telemanagement. Die Leistungsreduzierung wird im Regel-EVG ebenfalls mittels Impusweitenmodulation umgesetzt. Die Schä-

digung des Leuchtmittels ist aber durch die höhere Betriebsfrequenz, die rechteckigige Signalform und die damit verbundenen viel kürzeren stromlosen Pausen und die kleineren Wiederzündspitzen deutlich kleiner. Zudem stabilisiert das EVG die Leistungsaufnahme und verhindert damit, das der durch Leuchtmittelalterung (Elektrodenkorrosion) bedingte Anstieg der Brennerspannung zu einer erhöhten Leistungsaufnahme führt, wie es bei KVG-Betrieb der Fall ist (bis 15 %). Die Lebensdauer von hochwertigen EVGs liegt heute bei bis zu 80.000 h (5 % Ausfall). Zusammenfassend kann festgestellt werden, dass bei Leistungsreduzierung bis auf 50 % die Amplitudenmodulation mittels Zweistufenballasts oder der Betrieb am Regel-EVG vorzuziehen sind, insbesondere weil der Anwender die Leuchtmittelgewährleistung nicht verliert.

5.5.4 – Reduktion von Hochdruck-Metallhalogendampflampen

Im Nachfolgenden seinen die Leuchtmittelfamilien HPI, CDM, CDO und CPO (CosmoWhite) besprochen. Gemäß Abbildung 5.15 führt eine Leistungsreduktion bei CDM 830 Lampen zu einer deutlichen Veränderung des Farbortes. Ursache ist eine starke Entmischung der lichterzeugenden Spezies im Brenner während der Leistungsreduktion. Vor allem der

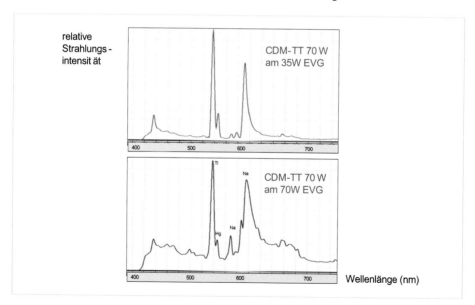

Abb. 5.20 ▶ *Leitungsreduktion von CDM-TT 830 Leuchtmitteln (eigene Messung durch Papierdiffusor)*

im Vergleich zum Thallium deutliche geringere Dampfdruck des Natriums lässt das Licht der Lampe mit zunehmender Absenkung immer grünlicher erscheinen (Thalliumeffekt, Abb. 5.20).

Durch eine veränderte Brennerfüllung konnte bei den keramischen CDO- und CPO-Lampen die Farbortverschiebung reduziert werden. Abb. 5.21 zeigt das Lichtstromverhalten der CDO-Lampen im Volllastbetrieb und leistungsreduzierten Betrieb. Obgleich zur Zeit nur eine Freigabe für die Dimmung am Regel-EVG vorliegt, ist eine Dimmung mittels 2-Stufen-KVG technisch ebenfalls möglich. Im letzteren Fall muss aber, wie bei CDM-Lampen, mit einem zusätzlichen Lichtstromrückgang von etwa 10% innerhalb der ersten 4000 Brennstunden gerechnet werden. Genauere Untersuchungen zeigen allerdings, dass bei Metallhalogendampflampen das Verhalten des Leuchtmittels bei Leistungsreduzierung auch deutlich von der Wattage der eingesetzten Lampe abhängt. Eine dimmbare CDM-Lampe wurde Anfang 2012 auf den Markt gebracht. Die Lampenlichtausbeute beträgt 110 lm/W (CDM-T Elite Lightboost; R_a = 95). Die dimmbare CDM-Lampe besitzt auch bei 50% Lichtstromniveau am Regel-EVG noch einen R_a-Wert > 80. Durch Einsatz ungesättigter Metallhalogenide bleibt der Farbort der Lampe während der Dimmung wesentlich stabiler als der bisheriger CDM-Leuchtmittel.

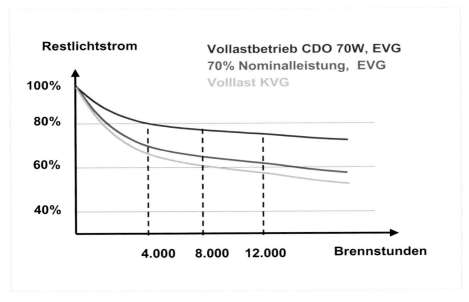

Abb. 5.21 ▶ *Verhalten von CDO-Leuchtmitteln bei unterschiedlichen Betriebsmodi*

Hochdruck-Metallhalogendampflampen des Typs HPI und HQI enthalten neben Edelgasen und Quecksilber als lichterzeugende Spezies Metalliodide. In diesen sogenannten Drei-Banden-Lampe bestimmt der Dampfdruck der drei Iodide gemeinsam das Lampenspektrum. Bei HPI Lampen sind dies Natriumiodid (Gelborange), Thalliumiodid (Grün) und Indiumiodid (Blauviolett). Bei HQI-Lampen hingegen Natriumiodid, Indiumiodid und Zinniodid. Mit abnehmender Temperatur des Lichtbogens wird, wie bei CDM-Lampen, der Anteil des am schwersten flüchtigen Natriumiodids in der Gasphase des Brenners reduziert. Die Farbtemperatur steigt folglich mit wachsender Leistungsreduktion. Die Lebensdauer der Lampen wird zudem geringfügig negativ beeinträchtigt – durch dauerhafte Abscheidung von Iodiden im Bereich der Stromdurchführung hinter den Elektroden – und die Energiebilanz wird immer ungünstiger. Spannungsabsenkung um 10 % der Nominalspannung von 230 auf 198 V führt bei HPI-Lampen zu einem zusätzlichen Lichtstromrückgang von 10 bis 20 % innerhalb der ersten 4.000 Brennstunden.

5.5.5 – Zusammenfassende Hinweise

Eine schädigungsfreie Leistungsreduzierung ist nur mit Hochdruck-Natriumdampflampen zu realisieren. Sie ist bei dieser Leuchtmittelklasse selbst an konventioneller Betriebselektronik unproblematisch. Bei allen anderen Leuchtmittelklassen verringert sich unter Leistungsreduktion die technische Nutzlebensdauer der Leuchtmittel – insbesondere durch eine Verstärkung des Lichtstromrückgangs über die Lampenlebensdauer (Brennerschwärzung). Hauptursache der Lampenschädigungen sind die mit der Leistungsreduzierung einhergehenden Abfälle der Elektrodentemperaturen, die sputterbedingt einen Abtrag der Elektrodenoberflächen nach sich ziehen. Bei der Leistungsreduktion in der technischen Straßenbeleuchtung ist zudem zu berücksichtigen, dass die oftmals großen Leitungslängen zwischen Einspeisungsstelle und Lichtpunkt an sich schon einen Abfall der Versorgungsspannung auf unterhalb von 200 V mit sich bringen können. Dies kann nur durch den Einsatz von elektronischen Vorschaltgeräten kompensiert werden. Von einer Leistungsreduktion an konventionellen Vorschaltgeräten ist daher bei Hochdruck-Metallhalogendampflampen und Hochdruck-Quecksilberdampflampen im Außenbereich nach jetzigem Stand der Technik abzuraten. Soll dennoch in der Außenbeleuchtung eine Leistungsreduktion von HPL/HQL-Anlagen technisch umgesetzt werden, so wird eine Verwendung von 2-Stufen-KVGs und der Einsatz von Hochdruck-Quecksilberdampflampen mit geringerem Lichtstromrückgang (z. B. HPL 4) bzw. der Einsatz von Austausch-Hochdruck-Natriumdampflampen (z. B. SON-H) angeraten, um den Wartungsfaktor in der Lichtanlage möglichst hoch zu halten.

5.6 – Xenonlampen

Xenonlampen sind spezielle Entladungslampen (35 W - 15 kW), die bereits bei Raumtemperatur einen Überdruck an Xenon (5-10 bar) aufweisen. Als gleichstrombetriebene Kurzbogenlampen kamen diese Leuchtmittel früher in vielen Scheinwerfern zum Einsatz, wurden aber immer mehr durch die effizienteren Metallhalogendampflampen verdrängt (Abb.5.22). Die Kathode von Xenonlampen ist kegelförmig ausgelegt. Die Anode hingegen ist ein großer zylindrischer Metallblock aus Wolfram. Bei Hochleistungslampen ist die Anode von Kanälen für die Wasserkühlung durchzogen. Die Polarität darf nicht vertauscht werden, weil ansonsten die Kathode schmilzt. Wegen des aufwendigen Betriebs und des wegen des hohen Innendrucks nicht ganz ungefährlichen Betriebs werden die Xenon-Gasentladungslampen heute nur noch in ganz speziellen Anwendungen eingesetzt, z. B. in Kinoprojektoren, in Festkörperlasern als „Pumpe", in Effekt- und Suchscheinwerfern und als Lichtquellen für wissenschaftliche Anwendungen.

Abb. 5.22 Xenonkurzbogenlampe für die Kinoprojektion (Osram, XBO 2 kW, 6 000 K, Ra = 96, Lampenlichtausbeute 40 lm/W).

In Frontscheinwerfern von Kraftfahrzeugen kommt heute eine Kombination aus Xenon- und Metallhalogendampflampen zum Einsatz. Die Lampen enthalten neben Quecksilber und Metallhalogeniden einen Xenonfülldruck von 2-10 bar.

Technische Lampendaten (D1 - D4)

pXe (25°C): 8 bar

pXe (Betrieb): 50 - 100 bar

Brennspannung: 85 V (D1, D2 mit Hg), 42V (D3,D4 mit $ZnBr_2$),

Leistungsaufnahme: 35 W

Mittlere Lebensdauer: 2 000 h

Effizienz: 91 lm/W (D1, D2), 87 lm/W (D3, D4)

Für PKW-Scheinwerfer gelten besondere Kriterien: 25% Soll-Lichtstrom nach 1 Sekunde, 80% nach 4 Sekunden (Kaltstart) und 80 % nach 1 Sekunde (Warmstart). Diese Anforderungen sind für Metallhalogendampflampen nur durch den Xenonzusatz zu erreichen. Das Gas liefert in der Startphase der Lampe bereits eine Linienstrahlung, die durch die Druckverbreiterung fast als ein Quasi-Kontinuum erscheint. Durch die infolge des hohen Basisdrucks geringe freie Mittlere Weglänge zwischen den Xenonatomen kommen zum Betrieb der Leuchtmittel elektronische Vorschaltgeräte mit sehr hohen Zündspannungen (25 bis 30 kV, 300 Hz Betriebsfrequenz) zum Einsatz. D1S, und D2S Lampen sind Xenonlampen,

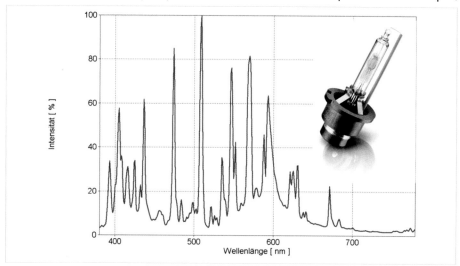

Abb. 5.23 Spektrum und Abbildung einer D2S-Xenonlampe (35 W) für den Einsatz in KFZ-Scheinwerfern.

die neben der Xenonfüllung Quecksilber, sowie die Metallhalogenide NaI, InI und ScI$_3$ enthalten. Mit etwa 90 lm/W ist ihre Lichtausbeute dreimal größer als die von H7-Halogenlampen (26 lm/W), die Mittlere Lebensdauer mit 2 000 h etwa 4 mal länger (H7: 450 h). Durch die im Vergleich zu H7-Lampen dreifach höhere Leuchtdichte von 90 Mcd/m^2, können zudem kompaktere Scheinwerferbauformen eingesetzt werden. In neueren Bauformen (D3S, D4S) wurde das Quecksilber durch Zink ersetzt. Das Zink wirkt als spannungserhöhende Füllsubstanz. Es verhindert einen Spannungsabfall zwischen den Elektroden und erhöht so die zur Strahlungserzeugung zur Verfügung stehende Restspannung. Das Zink ist bevorzugt in Form von Zinkhalogenid, insbesondere Zinkbromid (ZnBr$_2$) und/oder Zinkiodid (ZnI$_2$), eingefüllt. Der Wirkungsgrad der Lampe ist im Vergleich zu quecksilberhaltigen Lampen um etwa 5 % reduziert.

6   Lichtemittierende Dioden (LEDs)

6.1 – Elektrolumineszenz

Lichterzeugung mittels LED basiert auf dem Wirkprinzip der *Elektrolumineszenz*. Bei dieser Form der Lichterzeugung wird wie beim thermischen Strahler an einen leitenden Festkörper eine Spannung angelegt und dieser von einem Strom durchflossen. Im Gegensatz zum thermischen Strahler speichert der elektrolumineszierende Festkörper die aufgenommene elektrische Energie jedoch nicht nur in Form von Gitter-Schwingungen, sondern auch in Form von elektronischer Anregung. Hierdurch kann im Gegensatz zum Festkörper die Emission von monochromatischem Licht beobachtet werden. Die wichtigsten Elektrolumineszenz-Strahlungsquellen in der Technik sind die III-V-Halbleiter. Abbildung 6.1 gibt die unterschiedlichen Lumineszenzarten wieder. Je nach Art der zugeführten Energie unterscheidet man zwischen Photo-, Chemo- und Elektrolumineszenz. Die Photolumineszenz stellt die Grundlage der Konversion von UV-Licht in sichtbares Licht bei Leuchtstofflampen dar (siehe auch Kapitel 4). Die Chemolumineszenz kann z.B. beim Glühwürmchen beobachtet werden.

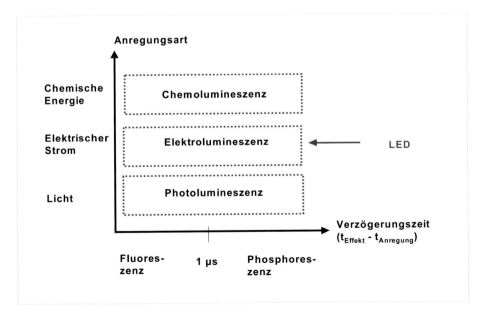

Abb. 6.1 ▶ Lumineszenzarten

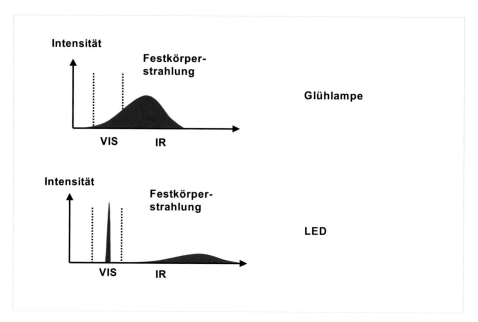

Abb. 6.2 ▶ *Emissionsverhalten einer Glühlampe und einer gekühlten LED im Vergleich*

6.2 – Die Geschichte der LED

Elektrolumineszenzerscheinungen an anorganischen Halbleiterkristallen des Typs SiC wurden 1907 durch H. J. Round erstmalig beobachtet und ab 1923 durch Loser systematisch untersucht. Eine quantenphysikalische Beschreibung des LED-Effekts gelang allerdings erst 1951 durch Lehovec, Accado, Jamgochian. Vorausgegangen war die systematische Erforschung des pn-Übergangs, der Kontaktstelle unterschiedlich dotierter III-V-Halbleiter, bis hin zur Entwicklung der ersten Transistoren durch Bardeen, Brittain und Shockley (1948). Mit der großtechnischen Produktion von roten Lumineszenz-Dioden des Typs GaAsP wurde erstmalig 1962 bei General Electric begonnen. Durch systematische Erforschung von neuen, komplexeren Materialsystemen und neuen Kristallzuchtverfahren gelang es dann innerhalb der nächsten zwei Jahrzehnte, LED kürzerer Emissionswellenlänge bis hin zum grünen Spektralbereich mit technischen Emissionswirkungsgraden bis zu 5% herzustellen. Die Synthese effizienter blauer LED konnte jedoch erst 1994 durch Nichia unter Verwendung von GaN-Schichtsystemen auf Saphir realisiert werden (Abb. 6.3).

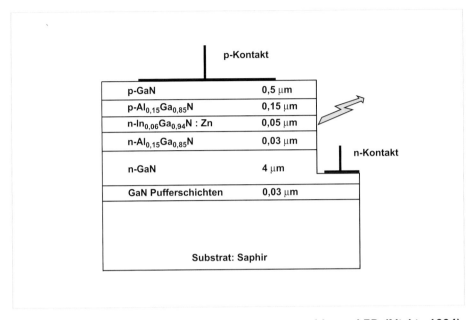

Abb. 6.3 ▶ Aufbau der ersten technisch produzierten blauen LED (Nichia 1994)

6.3 – Lichterzeugung im III-V Halbleiter - einfacher Ansatz

Unter einem III-V-Halbleiter versteht man einen Festkörper, der aus den Elementen der dritten und fünften Hauptgruppe des Periodensystems gebildet wurde, wie GaAs, InP, GaN oder deren Mischkristalle. Ein reiner III-V-Halbleiter ist bei Raumtemperatur jedoch kaum elektrisch leitfähig. Erst durch einen geringfügigen Zusatz von Elementen differenter Elektronenkonfiguration (Dotierung), z. B. den Elementen der vierten Hauptgruppe, wie C, Si oder Ge, nimmt die elektrische Leitfähigkeit drastisch zu. Dabei können je nach Reaktionsführung als Reaktionsprodukt sowohl dotierte Halbleiter mit **Elektronenleitung** (n-Dotierung) als auch mit **Lochleitung** (p-Dotierung) hergestellt werden. Der dotierte Halbleiter ist nun für eine elektrische Leistungsaufnahme ausgelegt. Zur Lichterzeugung werden in einem LED-Chip n- und p-dotierte Halbleiterbereiche benachbart erzeugt (**pn-Kontakt**). Ein pn-Kontakt entsteht dabei in der Praxis nicht durch „mechanisches Berühren" zweier verschiedener unterschiedlich dotierter Halbleiterkristalle, sondern es werden mittels technischer Dünnschichtverfahren die unterschiedlichen Halbleiter direkt aufeinander abgeschieden und befinden sich im gleichen LED-Chip.

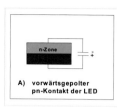 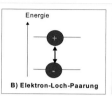 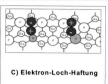 

A) vorwärtsgepolter pn-Kontakt der LED

B) Elektron-Loch-Paarung

C) Elektron-Loch-Haftung

D) Elektron-Loch Rekombination

Abb. 6.4 ▶ *Lichterzeugungsmechanismus der LED*

Wird an den pn-Kontakt im LED-Chip nun eine Spannungsquelle in Vorwärtspolung angeschlossen, so entstehen im pn-Kontakt eine große Zahl gegensätzlich geladener Ladungsträger. Je ein Elektron und ein Loch wechselwirken schwach miteinander und bilden die sogenannten ***Elektron-Lochpaare (Exzitonen)***. An leicht polarisierbaren Kri-
stallgitterstellen innerhalb des pn-Kontakts bleiben die Exzitonen nun „haften" und fal-
len zusammen (Rekombination). Dabei wird ihre potentielle Energie in Form von Strahlung abgegeben oder durch Stoß an das Kristallgitter übertragen. Da alle Elektron-Loch-
paare die gleiche potenzielle Energie besitzen, setzt die strahlende Rekombination der
Elektron-Lochpaare monochromatisches Licht frei, mit einer Ausbeute von ca.
0,1 – 30 % je nach Güte und Farbe der LED. Die langwellige breite Emissionsbande der
LED stellt eine schwache Temperaturstrahlung des Kristallgitters dar. Der Hauptanteil
der aufgenommenen elektrischen Leistung muss aber im Gegensatz zur Glühlampe zusätzlich durch Wärmeleitung aufgeführt werden, um den LED-Halbleiterkristall auf mittleren Betriebstemperaturen von 325 - 425 K zu halten.

6.4 – Lichterzeugung im III-V Halbleiter – quantenmechanischer Ansatz

6.4.1 – Das Energiebändermodell

Um die Lichterzeugung mit Leuchtdioden verstehen zu können, ist es zunächst sinnvoll,
sich mit dem Begriff des Halbleiters und dem Energiebändermodell auseinanderzuset-
zen. Festkörper können nach ihren elektrischen Eigenschaften in ***Isolatoren**, **Halbleiter*** und ***Leiter*** eingeteilt werden (Abb. 6.5). Diese unterscheiden sich durch die energetische Lage und Form von Zustandsbändern, die über den gesamten Festkörper delo-
kalisiert sind.

Um diesen Ansatz zu verstehen, betrachten wir zunächst die Bindung im zweiatomigen Molekül. Durch Linearkombination der Materiewellen der s-Elektronen im Wasserstofatom ergibt sich ein Bild, wie in Tafel 6.6 (N=2, gl. 6.1) dargestellt. Ein bindender und ein antibindender Zustand werden ausgebildet.

$$E = \alpha + 2\beta \cos\left[\frac{k_\lambda \pi}{N-1}\right] \quad k = 1,2 \ldots N \qquad \text{(Gl. 6.1)}$$

α = Coulomb - Integral
β = Resonanz - Integral

Eine 1-dimensionale Kette von Atomen ($N = \infty$) liefert hingegen so viele Zustände mit nur sehr geringen energetischen Unterschieden, dass diese auch als kontinuierliches **Energieband** verstanden werden können (**Kronig-Penney-Modell**). Das höchste mit Elektronen besetzte Band wird dabei als **Valenzband** (**VB**) bezeichnet, das energetisch nächst höher liegende Band als **Leitungsband** (**LB**). Im realen 3-dimensionalen Festkörper nehmen diese Bänder infolge der auftretenden Kristallpotenziale zum Teil recht komplizierte Formen an (Abb. 6.5, rechts).

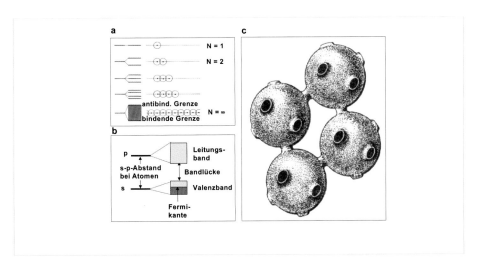

Abb. 6.5 ▶ a) Konstruktion eines Energiebands durch Linearkombination von Atomorbitalen, b) Valenz- und Leitungsband des Natriums, c) dreidimensionale Fermifläche von Kupfer

Dennoch können Festkörper nach der Lage und dem energetischen Abstand dieser Bänder klassifiziert werden: Nichtleiter besitzen eine große Bandlücke, Metalle hingegen keine Bandlücke (Bandüberlagerung!) bzw. halbbesetzte Valenzbänder (Abb. 6.5 b). Halbleiter hingegen weisen eine im Vergleich zu Isolatoren deutlich verringerte Bandlücke auf. Durch Dotierung kann bei Halbleitern sowohl im Valenz- als auch im Leitungsband Teilbesetzung auftreten. Die Besetzung des Valenzbands mit Elektronen folgt der **Fermi-Dirak-Statistik**. Diese kann vereinfacht wie folgt dargestellt werden: Für ein System aus einer großen Zahl von Zuständen, die nur einfach besetzt werden können, wird der bei 0 K besetzte energiereichste Zustand als **Fermikante** (E_f) bezeichnet. In Abhängigkeit von der Temperatur sind dann auch Zustände oberhalb dieser Kante besetzt:

$$N = \Sigma\, n_i = \Sigma\, g_i\, exp[(E\text{-}E_f/kT)+1)]^{-1} \qquad \text{(Gl. 6.2)}$$

g = Entartung des Zustands i
n = Zahl der Teilchen im Zustand i
E_f = Energie des Zustands

Der Auftrag der Temperaturabhängigkeit der Fermienergie gemäß Gl. 6.3 in Abb. 6.6 verdeutlicht, dass bei Raumtemperatur immer auch Elektronen oberhalb der Fermikante existieren.

$$f(E) = \frac{1}{exp[E - E_f]/kT]+1} \qquad \text{(Gl. 6.3)}$$

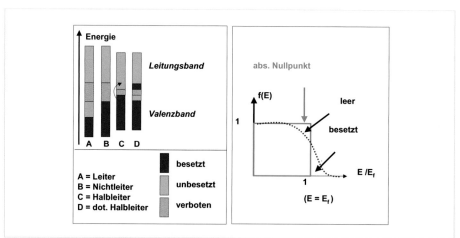

Abb. 6.6 ▶ a) Bandlücken bei Isolator, Leiter, Halbleiter und dotiertem Halbleiter

b) Einfluss der Systemtemperatur auf die Fermi-Dirak-Verteilung der Elektronen
In einem undotierten Halbleiter liegt die Fermikante zwischen Valenz- und Leitungsband vorherrschenden verbotenen Zone. Durch Dotieren des Halbleiters kann jedoch die Fermikante in das Valenz- bzw. Leitungsband verschoben werden.

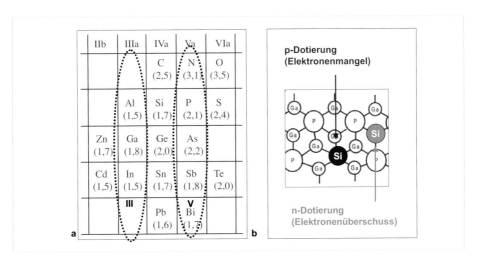

Abb.6.7 ▶ a) Ausschnitt aus dem Periodensystem, p- und n-Dotierung

6.4.2 – Dotierte III-V-Halbleiter und ihre Herstellung

III-V-Halbleiter sind chemische Verbindungen der Elemente der dritten und fünften Hauptgruppe. Werden bei der Herstellung derartiger Verbindungen Gitterplätze der Elemente der III oder V Hauptgruppe durch Elemente der IV Hauptgruppe ersetzt, so spricht man von Dotierung. Werden zum Beispiel in einem GaP-Kristall geringe Mengen von Silizium an Gitterplätzen des Galliums eingebaut, so gibt jedes Siliziumatom ein Valenzelektron an das Leitungsband des Halbleiterkristalls ab. Umgekehrt entzieht jedes Siliziumatom, das anstelle eines Phosphoratoms eingebaut wird, dem Kristallgitter ein Elektron. Im ersten Fall spricht man von **n-Dotierung**, im zweiten Fall von **p-Dotierung** (Abb. 6.7). Durch die Teilbesetzungen in Valenz- bzw. Leitungsband (Abb. 6.8 a) erhöht sich die Leitfähigkeit des Halbleiters um mehrere Größenordnungen. Dabei spricht man im Falle der n-Dotierung von Elektronenleitung, im Falle der p-Dotierung von Defektelektronenleitung oder Lochleitung.

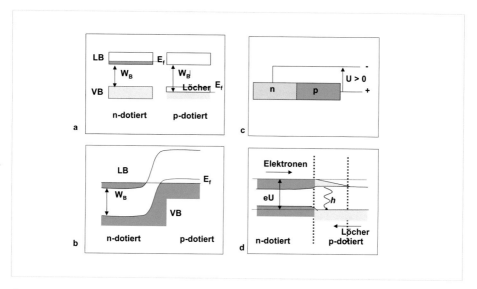

Abb. 6.8 ▶ *a) Elektronische Struktur des p- und n-dotierten Halbleiters, b) pn-Kontakt ohne äußere Spannung, c) Vorwärtspolung des pn-Kontakts, d) Elektronische Struktur des vorwärtsgepolten pn-Kontakts*

6.4.3 – Der pn-Kontakt

Im *pn-Kontakt*, einer benachbarten Struktur aus einem p- und einem n-dotierten Halbleiter, verändert sich die lokale Bandstruktur: Es diffundiert positive Ladung (Löcher) ins n-Gebiet und negative Ladung (Elektronen) ins p-Gebiet, bis sich eine Raumladungszone ausbildet, die weitere Diffusion unterbindet. Die *Fermikanten* werden dabei energetisch egalisiert (Abb. 6.8b). Wird an den pn-Kontakt nun eine Spannungsquelle so angeschlossen, dass aus dem p-Gebiet zusätzlich Ladungsträger entzogen und ins n-Gebiet Ladungsträger injiziert werden (Vorwärtspolung, Abb. 6.8c,d), so entstehen im pn-Kontakt eine vom thermischen Gleichgewicht ($np = n_j^2$) abweichende Überschussladung ($np > n_j^2$). Durch Wechselwirkung der Elektronen und Löcher untereinander werden dabei im pn-Kontakt Elektron-Loch-Paare (**Exzitonen**) gebildet. Diese Exzitonen bewegen sich zunächst frei im pn-Kontakt und transportieren Energie, nicht aber Ladung. Die Energie (E_{ex}) der freien Exzitonen kann mit Hilfe einer modifizierten Rydbergformel in Analogie zum Bindungsmodell des Wasserstoffatoms beschrieben werden (Gl. 6.4).

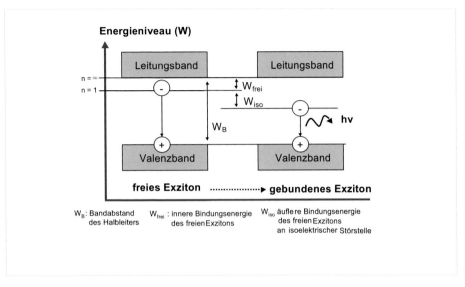

Abb. 6.9 ▶ *Energieniveauschema des freien und gebundenen Exzitons*

Sie entspricht der Bandlücke des Halbleiters (W_B) abzüglich einer sehr schwachen geringen Coulomb-Wechselwirkung (W_{frei}) zuzüglich einer geringen kinetischen Energie (W_{kin}). Unmittelbare Folge der nur schwachen Bindungsenergie ist ein im Vergleich zu den Einheitsvektoren des Kristallgitters relativ großer Bindungsabstand.

$$E_{Ex} = W_B - W_{frei} + W_{kin} = W_B - \frac{m_r e^4}{2(4\pi\varepsilon_0\varepsilon\hbar)^2 n^2} + \frac{\hbar^2 k_\lambda^2}{2(m_e + m_h)} \quad mit \ m_r = \left[\frac{m_e m_h}{m_e + m_h}\right] \qquad (Gl.\ 6.4)$$

e = Elementarladung

ε = Dielektrizitätskonstante des Exzitons

k_λ^2 = $(k_l + k_v)^2$; Wellenzahl, die dem Energieniveau von Valenz- und Leitungsband Rechnung trägt

m_r = reduzierte Masse des Exzitons

Der Übergang vom freien zum gebundenen Exziton vollzieht sich nur an ganz bestimmten Stellen im Halbleiterkristall, den *isoelektrischen Störstellen*, die Exzitonen festhalten (trapping). Unter isoelektrischen Störstellen versteht man eine Gitterplatzsubstitution eines Atoms im Wirtsgitter durch ein anderes Gruppenelement, z. B. Al oder

B am Gitterplatz eines Ga-Atoms im GaP-Halbleiter (Abb. 6.5c). Die unmittelbaren Folgen sind eine lokale elektrische Polarisation bzw. kurzreichweitige elektrische Dipolkräfte aufgrund der unterschiedlichen Elektronegativitäten und Polarisierbarkeiten der ersetzten Wirtsgitter-Atome. Je nachdem, ob ein Exziton loch- oder elektronseitig an eine isoelektrische Störstelle andocken kann, unterscheidet man zwischen einem isoelektrischen Donor (neg. polarisiert) und einem isoelektrischen Akzeptor (pos. polarisiert). Nach initialer Exziton-Phonon-Wechselwirkung werden die Exziton-Löcher also von einem isoelektrischen Donor, die Exziton-Elektronen hingegen dann von einem isoelektrischen Akzeptor an die Energiebänder des Halbleiters abgegeben. Dieser Zerfallsprozess, auch **Rekombination** genannt, ist für die Elektrolumineszenz des pn-Kontakts ursächlich. Die Exiton-Phononen-Wechselwirkung kompensiert dabei durch Übertragung von kinetischer Energie die innere (W_{frei}) und äußere (W_{iso}) Bindungsenergie des Exzitons, so dass beim Exzitonenzerfall immer monochromatisches Licht enger Frequenzverteilung monochomatisches Licht mit einem einer der Energie des Bandabstands (W_B) entsprechenden spektralen Schwerpunkt abgegeben wird.

6.4.4 – III-V-Heterostrukturen und Heteroübergänge

Die Zahl der binären III-V-Halbleiter ist auf eine geringe Zahl von Verbindungen begrenzt. Da die Emissionswellenlänge eines vorwärtsgepolten pn-Kontakts vom Bandabstand des Halbleiters geprägt wird, schränkt dies die Möglichkeiten bei der Lichterzeugung stark ein. Geht man hingegen zu ternären (A, A', B) und quaternären (A, A', B, B') Heterostrukturen (Mischkristalle), wie $Al_xGa_{1-x}As$, $GaAs_yP_{1-y}$, $InxGa_{1-x}As_yP_{1-y}$, über, so sind vom nahen UV bis zum nahen IR alle Emissionswellenlängen einstellbar. Dabei ist es besonders wichtig, nicht nur den Bandabstand einzustellen, sondern auch auf Ähnlichkeit in der Gitterkonstante und des thermischen Ausdehnungskoeffizients zwischen der Heterostruktur und dem Trägersubstrat zu achten, da sonst kein epitaktisches Aufwachsen der lichterzeugenden Schicht möglich ist.

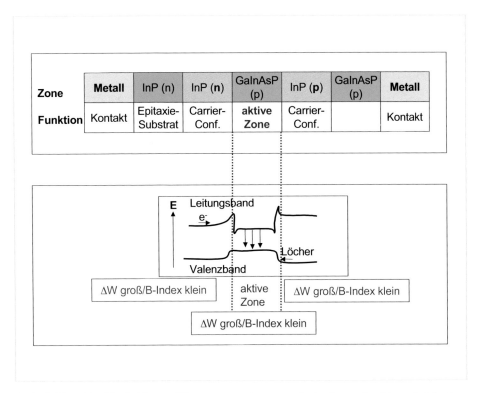

Zone	Metall	InP (n)	InP (n)	GaInAsP (p)	InP (p)	GaInAsP (p)	Metall
Funktion	Kontakt	Epitaxie-Substrat	Carrier-Conf.	aktive Zone	Carrier-Conf.		Kontakt

Abb. 6.10 ▶ *Fünffach-Heteroübergang und energetische Lage der Energiebänder in der Nähe der aktiven Zone*

Als **Heteroübergänge** werden Schichtübergänge zwischen verschiedenen binären, ternären und quaternären III-V-Halbleiterschichten bezeichnet. An derartigen Übergängen treten oft sprunghafte Änderungen des Bandabstands auf, was zu erheblichen Bandverbiegungen oder gar zu scharfen Potenzialzonen (**quantum walls**) führt. Durch die daraus resultierenden Unterschiede in der Leitfähigkeit und im Brechungsindex wird in einem Halbleiterchip nun gezielte Ladungsträgerlenkung (**carrier confinement**) und Lichtlenkung (**optical confinement**) möglich. Da die Lichtausbeute eines pn-Kontakts mit der Minoritätsladungsträgerdichte wächst, kommt dem carrier confinement bei der Steigerung des Wirkungsgrads eines modernen LED-Chips zentrale Bedeutung zu. Optical confinement spielt vor allem beim Halbleiterlaser ein große Rolle (siehe Kapitel 7). Für die LED ist optical confinement nur erforderlich, wenn der Öffnungswinkel des Strahls klein gehalten werden soll – z. B. für die optische Datenübertragung .

6.5 – LED-Technologie

6.5.1 – Aufbau, Wirkungsgrad und Ankontaktierung von LED-Lampen

Kommerziell verfügbare Halbleiter-Leuchtdioden bestehen aus einem Halbleiter-Chip, der in eine Kunststofflinse (PMMA) eingebettet ist. Die Kunststofflinse bündelt das divergent abgestrahlte monochromatische Licht des LED-Chips und schützt gleichzeitig den LED-Chip vor Feuchtigkeit und Korrosion. Die Ankontaktierung erfolgt meist mittels eines Anschlussdrahtes (wire bonding). Neben den seit den 70er Jahren üblichen 5 mm LED existieren seit 1999 auch die so genannten High-Flux-LED (Abb. 6.11).

Letztere unterscheiden sich von 5 mm LED durch einen je nach Lichtfarbe um den Faktor 20 bis 50 höheren Lichtstrom. Die Leistungsverbesserung basiert neben der Zunahme der Chipgröße und Optimierung der Chipgeometrie vor allem auf einer Steigerung des Wirkungsgrades durch den Einsatz von Heterostrukturchips, die eine bessere Strom- und Lichtlenkung im LED-Chip ermöglichen.

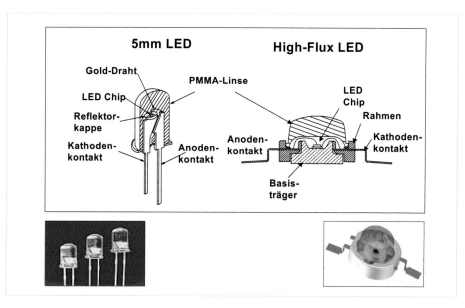

Abb. 6.11 ▶ Aufbau von 5-mm Standard-LED und High-Flux-LED

Abb. 6.12 ▶ Golddraht bond-pad zur Ankontaktierung der LED-Chip-Oberfläche

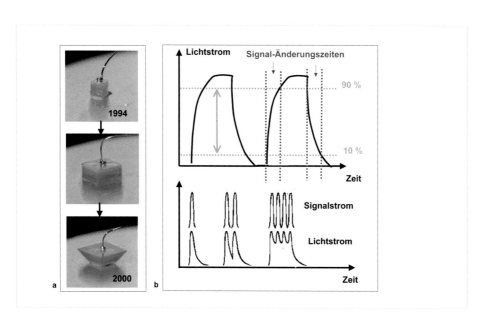

Abb. 6.13 ▶ a) Entwicklung der LED-Chip Technologie, b) Verhalten von LED-Chips in der Datenübertragung

Für die Datenübertragung werden spezielle LED-Chips benötigt. Wie aus Abbildung 6.13 hervorgeht, folgt für kleine Modulationsfrequenzen die Lichtemission eines LED-Chips nahezu linear dem Anregungsstrom (Abb. 6.13 b). Die Lichtemission des Chips bei Rechteckmodulation des Stroms zeigt unter diesen Bedingungen gleiche Signalanstiegs- und Signalabfallzeiten. Die einzige Möglichkeit, hohe Übertragungsraten größer 1 Gb/s zu realisieren ist, die Signalanstiegs- und Signalabfallzeiten, die in einem gewöhnlichen LED-Chip etwa 100 ps betragen, zu reduzieren. Dies kann durch spannungsabhängige Dreiecksbarrieren im LED-Chip erreicht werden. Spannungsabhängige Dreiecksbarrieren ermöglichen es, auf einer Seite der aktiven Zone des Chips das Ausmaß des carrier confinements als Funktion von der am LED-Chip anliegenden Spannung zu variieren. Wird die Barriere ausgeschaltet, so können die Minoritätsladungsträger aus der aktiven Zone herausdriften und stehen somit für die Lichterzeugung nicht mehr zur Verfügung. Dies mindert die Signalabfallzeit um ca. 50% und ermöglicht dadurch eine deutlich schnellere Datenübertragung.

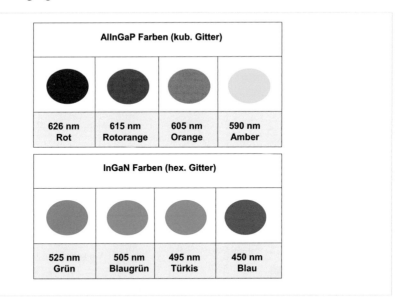

Abb. 6.14 ▶ **Zuordnung der LED-Lichtfarben zu den Basis-III-V-Halbleitern**

Halbleiter-Leuchtdioden sind heutzutage in fast allen Farben des sichtbaren Spektrums als auch als UV- oder Infrarotemitter verfügbar (Abb. 6.14). Sie basieren entweder auf dem kubischen AlInGaP- oder dem hexagonalen InGaN- Halbleitertyp. Die genaue Licht-

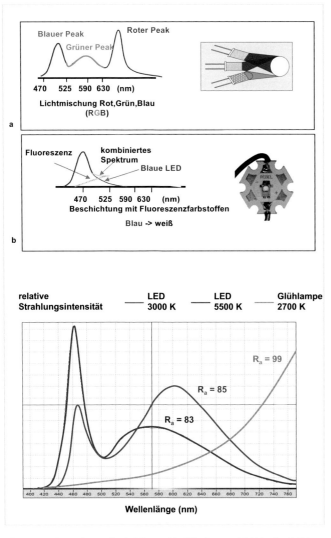

farbe wird dabei über die Wahl eines geeigneten Heterostruktursystems eingestellt. Für die Erzeugung von weißem LED-Licht sind drei verschiedene LED-Bauformen denkbar. Zum einen kann das Licht einer roten, einer grünen und einer blauen LED additiv zu weißem Licht gemischt werden (Abb. 6.15 a). Der Nachteil dieser Methode besteht darin, dass der Weißpunkt des erzeugten Lichts über die Lebensdauer der LED und in Abhängigkeit von der Umgebungstemperatur schwankt. Zudem ist die Farbwiedergabeeigenschaft des weißen Lichts relativ schlecht. Eine wesentlich bessere Alternative stellt die Beschichtung eines blau emittierenden LED-Chips mit mindestens einem Fluoreszenzfarbstoff dar (Abb. 6.15 b).

Abb. 6.15 ▶ a) weiße LED auf RGB-Basis, b) Weiße LED auf Konversionsbasis mit Abbildung einer weißen 3W-LED (Level 1), c) Spektren verschiedener Konversions-LED und einer Glühlampe (eigene Messung durch Papierdiffusor)

Hierdurch lassen sich Schwankungen des Weißpunkts über die Lebensdauer der LED fast völlig eliminieren und die Farbwiedergabe auf R_a > 90 steigern. Technologisch ist es jedoch ausgesprochen schwierig, den Weißpunkt derartiger Konversions-LED in der LED-Produktion genau einzustellen. Ursache ist die Tatsache, dass ein Teil des sichtbaren Lichts des LED-Chips den Fluoreszenzfarbstoff unkonvertiert passieren muss. Schon geringfügige Dicke- oder Dichteschwankungen der Fluoreszenzfarbstoffbeschichtung führen daher zu einer Verschiebung des Weißpunktes. Eine technologisch bessere Lösung wäre die Konversion einer UV-emittierenden LED mit einem 3-Banden-Fluoreszensfarbstoff in Analogie zur Leuchtstofflampe. UV-LED stehen jedoch heutzutage noch nicht mit einem ausreichenden Wirkungsgrad zur Verfügung.

Die Farbtemperatur weißer LED wird durch die Schichtdicke und Zusammensetzung der Leuchstoffschicht bestimmt. In Abbildung 6.15c sind die Spektren einer warmweißen LED, einer kaltweißen LED, sowie einer Glühlampe dargestellt. In Abhängigkeit von der zu erzielenden Farbtemperatur wird bei Konversions-LED die Zusammensetzung der Leuchtstoffschicht variiert.

Bei der sogenannten „Remote-Phosphor"- bzw. „Remote-Leuchtstoff"-Technologie wird der Leuchtstoff in einen selbsttragenden Kunststoff-Träger eingebracht und dieser räumlich von der LED-Chip-Oberfläche separiert. (Abb. 6.27, MASTER LED E27-Austauschlampen 8W, 12W und 20W sowie Abb. 6.28 b, Fortimo-Module). Hierdurch wird der LED-Chip nicht mehr durch die Konversionswärme des Leuchtstoffs belastet, was zu einer etwa 15% höheren Lichtausbeute führt. Die Remote-Leuchtstoff-Technologie ist heute ein gängiges Verfahren in der Konzeptionierung von LED-Modulen für den Leuchtenbau. Die Grenzen des Verfahrens liegen in der maximalen Konversionswärme, mit der die selbsttragende Leuchtstoffplatte belastet werden kann. Für Punktlichtquellen mit Lichtstromaustrittsdichten oberhalb von 300 lm/cm² ist daher diese Technologie nicht mehr anwendbar und der Leuchtstoff muss direkt auf die LED Chip-Oberfläche-aufgebracht werden.

LED müssen im Rahmen ihrer Herstellung vor der Verbauung in Modulen oder Leuchten in Schüttgutgruppen vereinzelt werden (binning). Hierbei werden die LED kurz elektrisch kontaktiert, um in einem automatisierten Verfahren den Farbort und den Lichtstrom zu bestimmen. Der maximale Farbortabstand bestimmt die Güte des LED-bins. Der Farbortabstand und die Lichtstromdifferenz wird dabei so gewählt, daß bei einem späteren Einsatz der LED in der Applikation im Idealfall alle LED das gleiche optische Erscheinungsbild aufweisen.

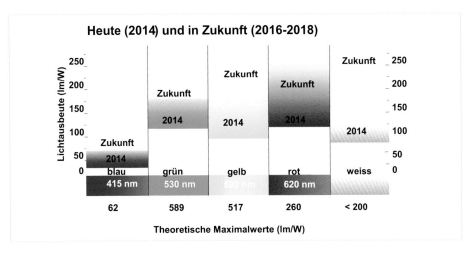

Abb. 6.16 ▶ Lichttechnische Wirkungsgrade kommerziell verfügbarer LED- Module unter Betriebsbedingungen.

Der technische Wirkungsgrad einer Leuchtdiode hängt neben der Lichtfarbe aber auch sehr stark von der Temperatur der aktiven Schicht im Halbleiterkristall ab. Wie in Abb. 6.17 gezeigt ist, fällt der Lichtstrom dabei gemäß Gleichung (6.5) sehr stark mit steigender Umgebungstemperatur ab. Die Wellenlänge der LED-Emission vergrößert sich jedoch nur um 1 nm je 10 K Temperaturerhöhung (Gl. 6.6). Der Temperaturkoeffizient k ist dabei vom verwendeten Halbleitermaterial abhängig und beträgt ca. 10^{-2}.

$$\Phi(T_2) = \Phi(T_1) \ e^{-k_T (T_2 - T_1)} \qquad \text{(Gl. 6.5)}$$

$$\lambda(T_2) = \lambda(T_1) + (T_2 - T_1) \ * \ 0{,}1 \left[\frac{nm}{°C} \right] \qquad \text{(Gl. 6.6)}$$

Φ = Lichtstrom der LED
T_1 = Temperatur vor dem Erwärmen der LED
T_2 = Temperatur nach dem Erwärmen der LED
λ = Hauptemissionswellenlänge der LED
k_T = Temperaturkoeffizient

Eine Hochleistungs-LED muss eine sehr gute innere thermische Leitfähigkeit besitzen, da bei einer Selbstaufheizung der LED die Glastemperatur der PMMA-Linse oder Silikonlinse überschritten werden kann, was die LED augenblicklich zerstören würde.

Doch schon bei Dauerbetriebstemperaturen oberhalb von 100°C sinkt die Lebensdauer eines LED-Chips erheblich. Ursache ist die mit steigender Temperatur gemäß Gleichung (6.7) rasch anwachsende Festkörperdiffusion, die zu einer Vermischung der ultradünnen Dotierungsschichten im pn-Übergang (junction) führt. Die LED verliert hierdurch an Effizienz.

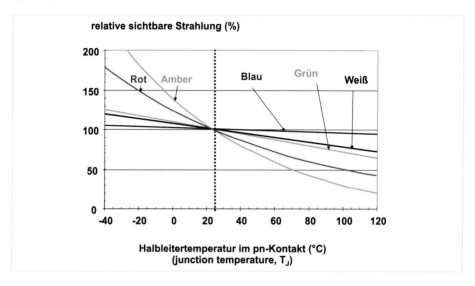

Abb. 6.17 ▶ Lichtstromverhalten von LEDs in Abhängigkeit von der Temperatur im pn-Kontakt (junction temperature, T_j).

$$D = D_0 \ e^{-\frac{E_{Akt}}{kT}}$$
(Gl. 6.7)

D = Diffsionskoeffizient
D_0 = stoffspezifischen Konstante
E_{Akt} = Aktivierungsenergie
T = Temperatur (K)

Um LED für Beleuchtungszwecke einzusetzen, werden meist mehrere Einzel-LED auf einen Träger montiert (Abb. 6.18, Abb. 6.19). Dieser besteht in den meisten Fällen au einer FR4-Leiterplatte (PCB, printed circuit board). Der besseren thermischen Leitfähigkeit wegen, sind auch Träger aus Keramik oder Aluminium im Einsatz. Aber auch eine Verbindung von Einzel-LED durch flexible Bänder ist bekannt LED-Module dieses Typs

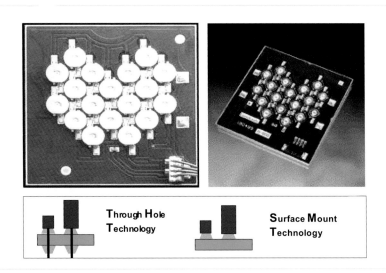

Abb. 6.18 ▶ *LED-Leiterplatten und Ankontaktierungsformen von LED-Lampen*

werden auch als LED-Boards oder LED-Prints bezeichnet. Die Montage der Einzel-LED erfolgt dabei entweder mittels Through-Hole-Technologie (THT) oder Surface-Mount-Technologie (SMT). Bei der THT werden die LED mit Kontaktsteckern durch die Leiterplatte gesteckt und anschließend mit dieser verlötet. Bei der SMT hingegen wird die LED von oben auf die Leiterplatte aufgelötet oder mit einem leitfähigen Klebstoff aufgebracht. Diese Technik setzt sich immer mehr durch. Das Leiterplattendesign muß dabei eine optimale Wärmeabgabe der Einzel-LED gewährleisten. Zu beachten sind daher:

a)   großflächige Metallkontakte, insbesondere um den Anodenfuß der LED
b)   Wärmeleitpaste zwischen LED und PCB
c)   ein bei gegebener Leiterplattengeometrie maximaler Abstand der Einzel-LED
d)   eine thermisch leitfähige Verbindung zwischen PCB und Leuchtengehäuse
       Kühlkörper auf der Modulrückseite

Bei der Snap-LED (Abb. 6.19) wird die LED hingegen auf einen Metallträger montiert. Dies besitzt neben guter Wärmeableitung den Vorteil einer größeren Formvariabilität. SNAP-LED kommen insbesondere in der Automobilindustrie zum Einsatz.

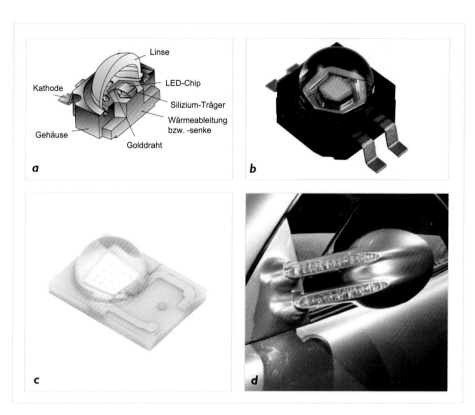

**Abb. 6.19 ▶ Bauformen und Applikationen für moderne Hochleistungs-LED
a) Querschnitt, b) Luxeon K2-LED, c) Luxeon Rebel-LED mit Keramikgehäuse,
d) LED-Blinker im Seitenspiegel integriert**

6.5.2 – Die Klassifizierung von LED-Systemen

LED werden in Analogie zu mikroelektronischen Baugruppen in verschiedene Integrationsklassen (Level) eingeteilt. In Abhängigkeit von der Zahl und Anordnung der Einzel-LED als auch von der Art der Ansteuerung werden fünf Integrationsklassen unterschieden (Abb. 6.20).

6.5.3 – Die Ansteuerung von LED-Arrays

LED müssen mit einer für die Einzel-LED charakteristischen Betriebsspannung (V_F), die je nach Lichtfarbe zwischen 1,5 V und 4 V beträgt, versorgt werden. Da eine LED eine

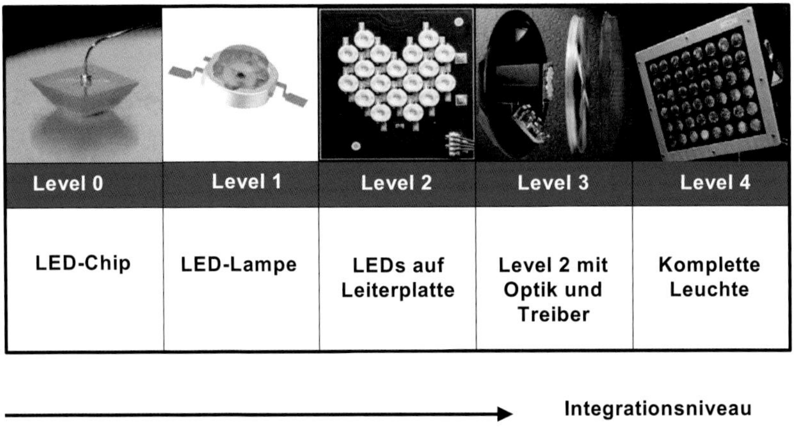

Level 0	Level 1	Level 2	Level 3	Level 4
LED-Chip	LED-Lampe	LEDs auf Leiterplatte	Level 2 mit Optik und Treiber	Komplette Leuchte

Integrationsniveau

Abb. 6.20 ▶ Klassifizierung von LED-Lichtquellen nach ihrer Integrationsklasse

Diode darstellt (Abb. 6.21), ist für den Einsatz immer auf die Vorwärtspolung des Bauelements zu achten: Die kleine Sperrspannung der LED von etwa 5 V macht das Bauteil nämlich relativ empfindlich gegen Umpolung. Da der absolute Lichtstrom einer LED von der Zahl der injizierten Ladungsträger abhängt, muss der Stromfluss durch die LED möglichst konstant gehalten werden (constant current mode). Aufgrund des sehr steilen Verlaufs der Stom-Spannungskennlinie im Betriebsfenster der Lichterzeugung (Abb. 6.21) sind spannungsstabilisierte Stromquellen hierzu nicht gut geeignet. Empfehlenswerter ist die Verwendung einer Konstantstromquelle bzw. ein strombegrenzender Vorwiderstand und Umpolungs- bzw. Transientenschutz, zum Beispiel durch eine Hochvoltdiode. Abbildung 6.22 gibt eine preiswerte Lösung für eine Ansteuerung wieder, wie sie beim Einsatz von LED in der Automobilindustrie immer noch üblich ist: Der LED-Strom wird durch einen strombegrenzenden Vorwiderstand konstant gehalten. Ein zusätzlicher PTC-Widerstand, der im Vergleich zu einem Ohmschen Widerstand mit steigender Temperatur sehr viel schneller ansteigt, stellt zusätzlich einen effektiven Schutz gegen Überhitzung der aktiven Zone des LED-Chips dar: Ab einer von der Dimensionierung des PTC-Widerstand abhängigen Maximaltemperatur wird der Strom durch die LED drastisch reduziert. Die Dimensionierung des strombegrenzenden Ohmschen Widerstandes ist vor allem von der internen Schaltung des LED-Arrays, der Sekundärspannung und der notwendigen Betriebsspannung der Einzel-LED bestimmt (Gl. 6.8).

$$R_{Ohm} = \frac{V_{in} - yV_{in}(I_F) - V_D}{xI_F} \qquad \text{(Gl. 6.8)}$$

I_F = Stromfluß durch die LED

V_{in} = Sekundärspannung

V_F = Betriebspannung der LED beim Strom I_F

V_D = Spannungsabfall der Hochvoltdiode

x = Zahl der parallen Verzweigung im LED-Model

y = Zahl der in Reihe geschalteten LED auf der Basis passiver Bauelemente

Alle großen LED-Hersteller bieten mittlerweile auch eigene Einheiten zur Spannungs-versorgung und Regelung von LED-Modulen an. Meist kommen dabei constant-current-Regeleinheiten auf Basis aktiver Bauelemente zum Einsatz, die eine noch präzisere LED-Ansteuerung zulassen. Als Sekundärspannung setzten sich dabei immer mehr 10 V und 24 V am Markt durch.

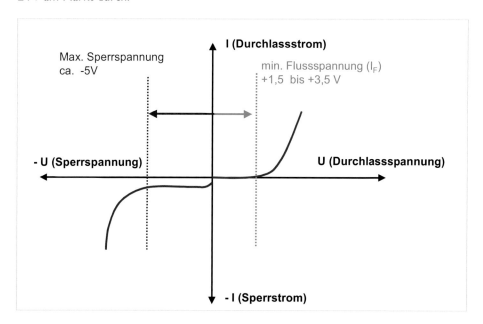

Abb. 6.21 ▶ LED-Kennlinie

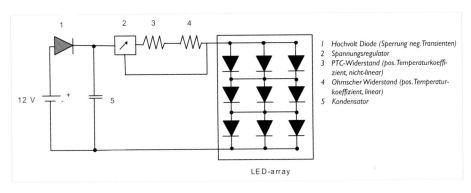

Abb. 6.22 ▶ Schema einer LED-Ansteuerung

6.5.4 – Leistungsreduktion (Dimmung) von LEDs

In der Praxis werden LED auf zwei verschiedene Arten leistungsreduziert, durch Stromreduktion oder durch Pulsweitenmodulation (Abb. 6.23).

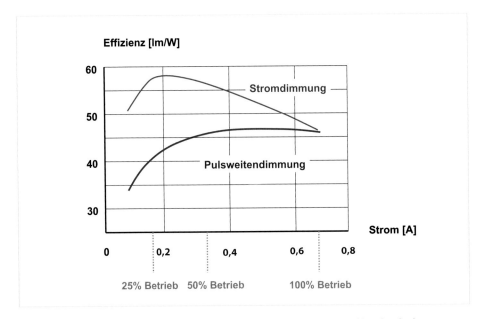

Abb. 6.23 ▶ Effizienzverläufe beim Dimmen von LED-Modulen. Vergleich der stromgesteuerten und pulsweitengesteuerten Dimmung. LED-Lichtquelle: Fortimo-Modul 35W, 2000 lm, 4000K, passive Kühlung.

Da bei verminderter Leistungsaufnahme die Temperatur des LED-Chips abnimmt, führt bei LED-Lichtquellen im Gegensatz zu allen anderen Lichtquellen die Leistungsredukti- on zu einer Effizienzsteigerung, d.h. zu einer Verbesserung ihrer Lampenlichtausbeute. Aber auch die Ladungsträgerdichte im pn-Kontakt beeinflusst die Lichtausbeute einer LED. Aus wirtschaftlichen Gründen, d.h. um LED-Chipfläche zu sparen, werden Hochleistungs-LED im 100%-Betrieb heute fast immer mit einem Betriebsstrom versorgt, der oberhalb des Ladungsträgerdichteoptimums liegt (Abb. 6.24). Wird der Betriebsstrom bei der Dim- mung dann reduziert, so steigt die Effizienz der LED deutlich.

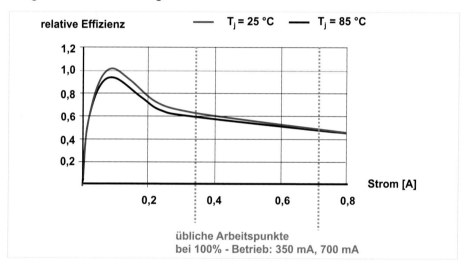

Abb. 6.24 ▶ Abhängigkeit des LED-Wirkungsgrads von der Ladungsträgerdichte im lichterzeugenden pn-Kontakt (junction). Darstellung für zwei verschiedene Tem- peraturen im pn-Kontakt (junction temperature, T_j)

Die stromgesteuerte LED-Dimmmung eignet sich allerdings nicht immer. Wie in Abb. 6.25 gezeigt, weisen trotz hochwertigem Binning an einem genau festgelegten Arbeitspunkt LED unterschiedlich verlaufende Kennlinien auf.

Wird der Arbeitspunkt einer LED (100%-Betrieb) verlassen, so verhalten sich alle strom- gedimmten LED einer LED-Leuchte unterschiedlich. Es kommt daher zu Lichtstromdif- ferenzen zwischen den verschiedenen LED. Aus diesem Grund wird immer dann, wenn LED in Linearstrahlern angeordnet sind bzw. ihre Lichtstromverteilungskurven sicht nicht signifikant überlappen auf eine andere Methode zurückgegriffen, die Pulsweitenmodula-

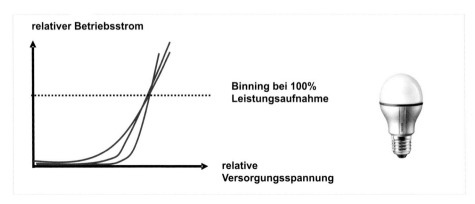

Abb. 6.25 ▶ *Links: Kennlinien verschiedener LEDs, die bei 100%-Betrieb dem gleichen LED-bin zugeordnet sind. Rechts: MASTER LEDbulb 8W E27 dimtone*

tion. Bei der Pulsweitenmodulation werden die LED im 100%-Betrieb angesteuert, aber gleichzeitig mit einer Frequenz von 100 Hz bis zu mehreren KHz an- und ausgeschaltet. Das Auge nimmt dadurch nur den über die Zeit gemittelten Lichtstrom wahr. Diese Methode führt zu deutlich reproduzierbareren Lichtströmen bei der Dimmung ist aber, wie in Abb. 6.23 dargestellt, bis zu 25% weniger effizient als die Stromdimmung. Eine Besonderheit sind die dimmbaren LED-Leuchtmittel mit variabler Farbtemperatur. Beim Dimmen wird durch Hinzuregelung einer oder mehrerer gelber LEDs die Farbtemperatur deutlich niedriger (Abb. 6.25 rechts).

6.5.5 – LED-Produkte und Applikationsfelder

LED sind hocheffiziente einfarbige Lichtquellen. In punkto Effizienz übertreffen sie alle bisher bekannten Lichtquellen, bei denen das farbige Licht aus weißem Licht durch Einsatz von optischen Filtern subtraktiv erzeugt wird. Aber auch in der Allgemeinbeleuchtung (Weißlicht) haben LED in den letzten 5 Jahren Wirkungsgerade erreicht, die ihren Einsatz als Austauschlampen, Strahler, Downlights, oder Straßenleuchten rechtfertigen.

Bei allen LED-Applikationen kommt der Systemlebensdauer eine große Bedeutung zu. LED-Lichtlösungen stellen noch immer eine kostenintensive Variante dar, die sich nur durch lange, wartungsarme Betriebsintervalle der LED-Systeme betriebswirtschaftlich darstellen lässt. Abbildung 6.26 gibt die Lebensdauer und das Lichtstromverhalten von LED-Lampen, -Trägern und -Treibern wieder. Dabei stellt der Treiber noch immer das kurzlebigste Glied der Kette dar. Bei LED-Applikationen sollte heute im besten Fall mit einem ausfallfreien Betriebsintervall von etwa 50.000 Betriebsstunden gerechnet werden. In der Praxis wird die Lebensdauer einer Hochleistungs-LED von allen Herstellern als das Zeitintervall beschrieben, innerhalb dessen der Lichtstrom der LED-Lampe bzw. LED-Leuchte auf 70% seines Nominalwertes abgefallen ist (70% Nutzlebensdauer).

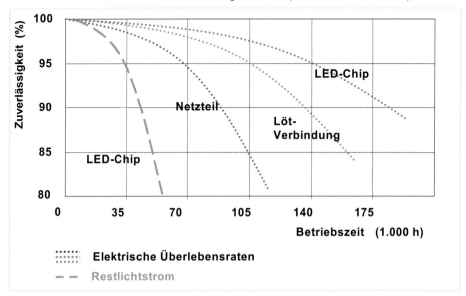

Abb. 6.26 ▶ *Ausfallraten und Lichtstromrückgang von LED-Systemen*

Abb. 6.27 gibt eine Übersicht über das heutige Angebot an Austauschlampen, die Allgebrauchslampe, Halogenlampen oder sogar Leuchtstofflampen ersetzen sollen. Die heutigen Austauschlampen besitzen Leuchtmittelwirkungsgrade von bis zu 67 lm/W (MASTER LEDBulb A 60 12 W). Die 70% Nutzlebensdauer derartiger Produkte beträgt je nach Konfektionierung des Kühlkörpers heute 15.000 – 45.000 Stunden. Dabei gilt, je kleiner der Kühlkörper dimensioniert ist, desto kurzlebiger ist die LED-Austauschlampe. Erste technische Lösungen zum Ersatz von 100W-Glühlampen werden wohl den Weg der Kühlkörperreduktion einschlagen, um die Baugröße der Retrofits den Glühlampendimensionen nachzuempfinden.

Die maximale Oberflächentemperatur am T_C-Messpunkt des Kühlkörpers liegt bei hochwertigen Austauschlampen heute zwischen 90° C und 120° C (Umgebungstemperatur 45° C). Die technischen Herstellerangaben gelten hingegen bei T_C-Werten von 70° C bis 90° C (Umgebungstemperatur 25° C).

Abb. 6.27 ▶ Übersicht über die aktuellen Bauformern und Typen von LED-Aus-tauschlampen (LED-Retrofits, Philips).

Sehr schnelles Lichtstrom-Anlaufverhalten beim Einschalten, energieeffizientes Dimmen, extrem hohe Schaltfestigkeiten sind heute bereits technisch etabliert. Produkte mit Farbtemperaturveränderungen beim Dimmvorgang werden ebenfalls ab Mitte 2011 angeboten. Ob zukünftig auch TL-D oder T5-Leuchtstoff-Lampen 1:1 durch LED-Retrofits lichttechnisch ersetzt werden können ist zur Zeit noch nicht klar absehbar. Sehr schwierig ist bei Leuchtstofflampen-Retrofits das Problem der begrenzten Fassungsgewichte und Kühlkörperoberflächen zu lösen. Leuchtstofflampen-Retrofits nach jetzigem Stand der Technik, z. B. die MASTER LEDtube SA1 (72 lm/W), weisen daher noch einen deutlich geringeren Lichtstrom und eine geringere Lampenlichtausbeute als die zu substituierenden Leuchtstofflampe auf.

Heutzutage stellen verschiedene große LED-Chip-Hersteller, wie Lumileds (Philips), Osram, Seoul, Nichia oder Cree LED-Chips auf Level 1 sowie LED-Module her, die im LED-Leuchtenbau zur Anwendung kommen. Bis heute nur unzureichend umgesetzt ist dabei jedoch die Standardisierung von LED-Produkten. Zum Einen fehlen bis heute standardisierte lichttechnische und elektrische Charakterisierungen von LED-Lampen (Level 1) sowie genormte Lebensdauerangaben, die auch Ausfallraten mit einbeziehen. Zum Anderen gibt es bislang keine LED-Module, die herstellerübergreifend mechanisch, elektrisch und lichttechnisch genormt sind und im Leuchtenbau 1:1-kompatibel eingesetzt werden können. Abb. 6.28 gibt einen Überblick über LED-Module, wie sie von Leuchtenbauern heute in Strahlern, Downlights sowie in Straßenleuchten eingesetzt werden.

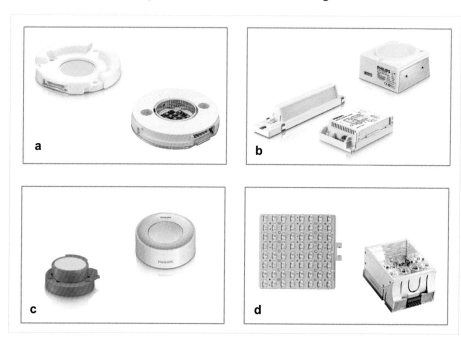

Abb. 6.28 ▶ LED-Module von Osram und Philips, die im Leuchtenbau zum Einsatz kommen; a) für Strahler (separater Treiber), b) für Downlights und Straßenleuchten mit reflektorischen Optiken (separater Treiber), c) für kompakte Downlights (integrierte Treiber), d) für Straßenleuchten (separate Treiber).

Aufgrund der im Vergleich zu klassischen Lichtquellen deutlich längeren Lebensdauern von LED muss bei der Konstruktion einer LED-Leuchte nicht notwendigerweise auf einen Wechsel von Leuchtmittel oder Betriebselektronik geachtet werden. Zurzeit dominieren LED-Leuchten, die bautechnisch einen solchen Wechsel nicht vorsehen. Überblick über aktuelle LED-Leuchtenbauformen geben Abb. 6.29 und Abb. 6.30.
Gerade in der Straßenbeleuchtung sind aber LED-Modulwechsel unabdingbar, um wirtschaftliche Alternativen zu bisherigen Beleuchtungslösungen anbieten zu können.

Abb. 6.29 ► **Leuchtenbauformen, die durch den Einsatz der LED-Technologie erst möglich geworden sind.**

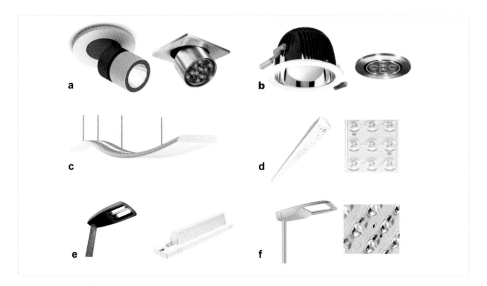

Abb. 6.30 ► **Übersicht über die wichtigsten LED-Leuchtenbauformen**
a) Strahler mit reflektorischern bzw. direkten Optiken, b) Downlights mit reflektorischern bzw. direkten Optiken, linkes Produkt mit Remote-Leuchstoff-LED-Modul (Philips Fortimo), c) Büroleuchte, d) Maxos-LED-Lichtbandsystem, e) Straßenleuchte mit Philips-Fortimo-LED-Modul, f) Straßenleuchte mit planarer direkter Superpositionsoptik

6.5.6 – Wartung von LED-Anlagen

Eine professionelle Wartung von Lichtanlagen senkt die Betriebskosten von Lichtanlagen erheblich. Unter einer professionellen Wartung versteht man dabei die Reinigung, mechanische und elektrische Funktionskontrolle, optische Nachjustierungen sowie den Tausch von gealterten Leuchtmitteln. In der Praxis setzt sich dabei immer mehr eine Anlagenwartung nach festgelegten Intervallen durch: Gruppenwechsel von Leuchtmitteln, ergänzt um Einzelwechsel von Frühausfällen (kombinierter Gruppen-Einzelwechsel). Hierdurch können Arbeitsaktivitäten zusammengelegt werden und das maximale Alter der Lichtquellen wird begrenzt. Zudem lässt sich die zu verplanende Anschlussleistung von Lichtanlagen bei Neuanlagen deutlich senken. Eine kontrollierte Wartung bzw. Sanierung von Lichtanlagen kann mit dem Lightbooster-1.0-Programm optimal konzipiert und überwacht werde. Ein respektives Bestellformular für diese auf Excel basierende Software finden Sie im Anhang.

Bei Innenleuchten wird die LED-Lichtquelle meist mechanisch und elektrisch fest mit der Leuchte verbunden. Wechsel der Lichtquelle bedeute daher immer auch Leuchtentausch. In der Außenbeleuchtung, insbesondere in der technischen Straßenbeleuchtung, wird jedoch aufgrund der im Mittel deutlich höheren Stückkosten der Leuchten ein anderer Weg eingeschlagen werden: Tausch der LED-Einheit und ggf. des LED-Treibers nach festgelegten Intervallen (Abb. 6.31).

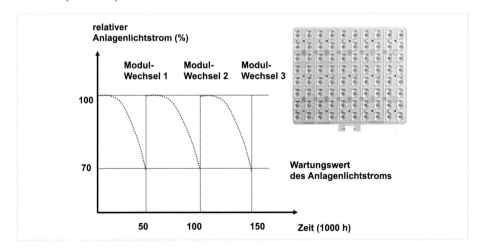

Abb. 6.31 ▶ Wartung von LED-Strassenleuchten durch Tausch der LED-Betriebsmodule des Typs LEDgine (Philips) nach jeweils 50.000 Betriebsstunden.

Bei LED-Austauschlampen, die Glühlampen oder Halogenlampen ersetzten sollen, können Lichtanlagen hingegen in bekannter Weise in Analogie zu klassischen Leuchtmitteln gewartet werden – mit einer Veränderung: Die Wartungsintervalle werden deutlich länger.

Ein neuer Wartungstrend, der durch die energieeffiziente Dimmung von LED-Systemen gestützt wird, ist das Prinzip der Lichtstromkonstanz (constant lumen output, CLO). Hierbei wird durch Lichtregelung der Lichtstrom einer Leuchte unabhängig von Alter und Verunreinigungsgrad über die ganze Betriebsdauer konstant gehalten. Der Wartungsfaktor wird hierdurch auf 100% gehalten. Dadurch lassen sich über der gesamte Betriebsdauer erhebliche Einsparungen erzielen. Wie auch der Festlegung der optimalen Gruppenwechsel-Intervalle, so muss auch die CLO-Regelung durch geschickte Ausbalancierung von betriebswirtschaftlichen Kenngrößen für jede Applikation neu justiert werden. Kenngrößen, wie Wartungskosten, Energiekosten, Leuchtenkosten, Lichtstromrückgangverhalten, Ausfallverhalten sowie Verunreinigungen in der Applikation fließen hier ein.

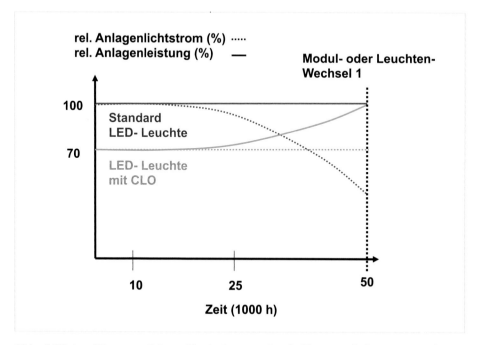

Abb. 6.32 ▶ *Wartungsfaktor-Optimierung durch Konstantlichtstromregelung (CLO, constant lumen output)*

6.5.7 – Tipps zum Einsatz von LED-Lichtquellen

Die Einhaltung der maximalen LED-Chip-Temperatur entscheidet darüber, ob eine Leuchte auch den Lichtstrom liefert, den der Hersteller spezifiziert hat bzw. ob der Lichtstromrückgang über die Zeit nicht höher ausfällt, als vom Hersteller angegeben. LED-Leuchten ebenso wie LED-Retrofits sollten daher immer über einen am Gehäuse zugänglichen Temperatur-Messpunkt (T_C-Punkt) verfügen, dessen Position und maximaler Temperaturwert eindeutig aus Angaben im zugehörigen Produktdatenblatt hervorgehen (Abb. 6.33, Abb. 6.34). Der T_C-Punkt sollte bei jeder Verbauung von LED-Leuchten mit einem Kontakt-Thermometer kontrolliert werden.

Bei LED-Produkten ist auf einen ausreichenden Feuchtigkeitsschutz zu achten. Im Gegensatz zu klassischen Lichtquellen werden in Zusammenhang bei LED-Produkten fast immer Leiterplatten verbaut. Korrosion ist daher ein großes Risiko, insbesondere bei langen Produkt-Standzeiten im Außenraum. Zudem ist die Eigenerwärmung der Lichtquelle geringer als bei klassischen Lichtquellen. Feuchtigkeit wird daher im Betrieb nicht immer „ausgeheizt". Bei LED-Außenleuchten ist folglich auf IP 68 Schutzklassen zu achten, um in der Praxis Probleme zu vermeiden.

Farbortgleichheit von LED-Lichtpunkten ist ein wichtiges Qualitätskriterium beim Einsatz von LED-Produkten. LED-Anwender sollten bei der Produktauswahl diesem Thema ein besonderes Augenmerk schenken. Als Faustregel gilt: Je besser die LED-Einzellichtquellen sichtbar sind, wie z. B. bei Linearstrahlern, und je geringer die Lichtstromverteilungskurven der einzelnen LED-Lampen bezogen auf Level 1 überlappen, desto qualitativ höherwertigere LED-Bins müssen vom Chip-Lieferanten bezogen verwendet werden. Praxistipp: Eine Produktentscheidung für oder gegen eine LED-Leuchte sollte nie auf der Basis eines einzelnen Produktmusters gefällt werden. Stattdessen ist in vielen Fällen eine Testbeleuchtung mit 5 – 10 Leuchten ratsam.

Beim Einsatz von Austauschlampen ist immer auf eine Kompatibilität zu vorgelagerten Betriebs- oder Regelgeräten zu achten. So können dimmbare LED-Austauschlampen nicht an allen 230V-Dimmern betrieben werden. Niedervolt-Halogenlampen können nur dann durch LED-Austauschlampen niedrigerer Anschlussleistung ersetzt werden, wenn der verbaute Transformator dafür ausgelegt ist (minimale Leistungsaufnahme und LED-Lampenzahl beachten).

6.5.8 – Ausblick

In den nächsten Jahren wird die LED-Technik durch die weitere Steigerung der Lichtausbeuten immer mehr in den Bereich der Allgemeinbeleuchtung vordringen.

Bis 2018 wird die LED-Chip-Technologie so weit voranschreiten, dass Leuchten mit Leuch-
tenlichtausbeuten von über 150 lm/Watt bei einer Farbtemperatur von 4000 K und einer
Farbwiedergabe Ra > 80 unter realen thermischen Betriebsbedingungen am Lichtmarkt verfügbar sind. Technologisch getrieben und durch zunehmenden Wettbewerb beschleunigt, wird
der Anteil von LED-Produkten bei der Installation von neuen Lichtanlagen in der Allgemeinbeleuchtung bis 2016 in Mitteleuropa in der Innenbeleuchtung auf etwa 30-35% ansteigen, in der Außenbeleuchtung sogar auf 35-40%.

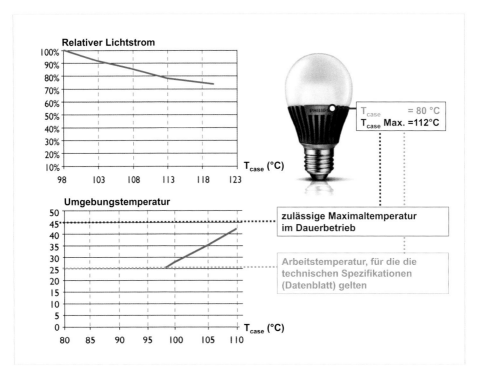

Abb. 6.33 ▶ T_C-*Punkt und Lichtstromverhalten einer LED 8W Austauschlampe*
(Philips, MASTER GLOW LEDbulb A60)

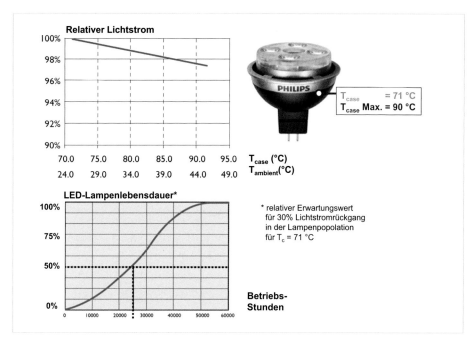

Abb. 6.34 ► *T_C-Punkt und Lichtstromverhalten einer alten gekühlten LED 10W Austauschlampe (Philips, MASTER LED 12V MR16) Membrankühlung zur Konvektionsverbesserung.*

7   Organische Lichtemittierende Dioden (OLED)

7.1 – Historie der OLED

Organische Materialien mit konjugierten Elektronensystemen haben aufgrund ihrer Halbleitereigenschaften in den letzten 10 Jahren zunehmend an Bedeutung gewonnen. Während in Photokopierern organische photoaktive Materialien neben amorphem Silizium und Arsentriselenid bereits eine dominante Rolle spielen, befindet sich die industrielle Fertigung organischer lichtemittierender Dioden (OLED, Kurzform für engl. organic light-emitting diode) noch in der industriellen Wachstumsphase.

Im Gegensatz zu anorganischen III-V Halbleitern besitzen organische Halbleiter einige signifikante Vorteile: Die der Lichterzeugung zugrunde liegenden Fluoreszenzbanden sind bei zahlreichen organischen Farbstoffen so stark zu längeren Wellenlängen hin verschoben (Stoke's shift), dass Multischichtsysteme aufgebaut werden können, ohne durch Selbstabsorption den inneren Wirkungsgrad der Module stark zu mindern. Des weiteren besitzen organische Halbleiter deutlich niedrigere Dielektrizitätskonstanten als anorganische III-V-Halbleiter. Dies reduziert die Reflektionsverluste an inneren Grenzflächen und erleichtert damit die Lichtauskopplung. Schließlich können organische Halbleiter als amorphe Schichten, ggf. mit eingelagerten lichterzeugenden Zentren, hergestellt werden (Wirt-Gast-Strukturen). Dies ermöglicht eine viel größere Designfreiheit als bei kristallinen Epitaxie-Strukturen, auf denen alle anorganischen Halbleiter basieren.

Dem stehen natürlich auch einige Nachteile gegenüber. Zu nennen sind insbesondere die geringere thermische Stabilität, die aufwendigeren Reinigungsverfahren und die viel größere Empfindlichkeit gegenüber durch Sauerstoff- und Feuchtigkeitseintritt bedingter Korrosion. Auch müssen für die Fertigung organischer Halbleiterschichten andere Herstellungsverfahren qualifiziert werden, da z.B. Polymere nicht aus der Gasphase abgeschieden werden können, ohne sich zu zersetzen.

Die Idee, Halbleiter auf der Basis organischer Materialien herzustellen, ist nicht neu. Bereits zwischen 1910 und 1913 konnten Vollmer und Schilling die Photoleitfähigkeit an Anthracen-Derivaten nachweisen. Die erste funktionierende organische Halbleiterdiode wurde bereits in den 1970er Jahren aufgebaut und erste wissenschaftliche Berichte von Bernanose über die Elektrolumineszenz in organischen Materialien stammen sogar schon aus dem Jahr 1953. Fundiert untersucht wurde die Elektrolumineszenz organischer niedermolekularer Verbindungen jedoch erst 1979 von Chin Tang in der Forschungsabteilung von Kodak. 1987 stellten Tang und Van Slyke die ersten Leuchtdioden aus dünnen organischen Schichten vor. Im Jahr 1990 wurde die Elektrolumineszenz dann auch bei Polymeren nachgewiesen. Zu nennen sind in diesem Zusammenhang vor allem die Arbeiten von Alan Heeger, Alan MacDiarmid und Hideki Shirakawa, die im Jahr 2000 für Forschungsarbeiten auf dem Gebiet der leitfähigen Polymere mit dem Chemie Nobelpreis ausgezeichnet wurden. Kommerziell wurden einfarbige OLED-Displays erstmalig 1997 von Pioneer in Autoradios verwendet.

OLED können entweder aus halbleitenden Polymeren oder niedermolekularen Verbindungen (small molecules) bestehen. Für die aus Polymeren gefertigten organischen LED hat sich die Abkürzüng p-OLED durchgesetzt. Als s-OLED oder sm-OLED werden die aus „small molecules" hergestellten OLED bezeichnet.

7.2 – Der strukturelle Aufbau von OLED

Ein OLED-Display besteht aus einer sehr großen Zahl von RGB (ROT/Grün/Blau) Bildpunkten. Jeder RGB-Bildpunkt besteht aus mehreren Schichten. Zur Herstellung wirdgemäß Abb. 7.1 auf der Anode (5) (z. B. Indium-Zinn-Oxid, ITO vom englischen Indium-

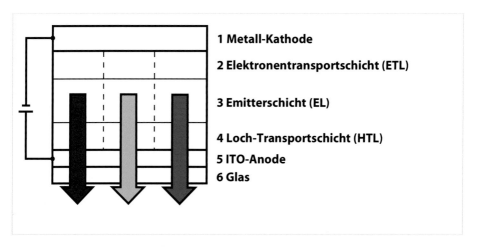

1 Metall-Kathode

2 Elektronentransportschicht (ETL)

3 Emitterschicht (EL)

4 Loch-Transportschicht (HTL)

5 ITO-Anode

6 Glas

Abb. 7.1 ▶ Schematischer Aufbau eines OLED-RGB-Pixels

Tin-Oxide), die sich auf einer Glasscheibe (6) befindet, eine Lochleitungsschicht (4) (hole transport layer = HTL) abgeschieden. Zwischen ITO und HTL wird abhängig von der Herstellungsmethode oftmals noch eine weitere Schicht aus PEDOT/PSS (Poly(3,4-ethylendioxythiophen)/Polystyrolsulfonat) aufgebracht, die zur Absenkung der Injektionsbarriere für Löcher dient und außerdem die Oberfläche glättet. Auf die HTL wird dann eine Schicht aufgetragen, die entweder den lichtemittierenden Farbstoff enthält (ca. 5-10 %) oder komplett aus dem Farbstoff (z. B. Aluminium-tris(8-hydroxychinolin) = Alq_3) besteht. Diese Schicht bezeichnet man als Emitterschicht (3) (emitter layer = EL).

Auf diese wird dann eine Elektronenleitungsschicht (2) (electron transport layer = ETL) abgeschieden. Zum Abschluss wird eine Kathode (1), bestehend aus einem Metall oder einer Metall-Legierung mit geringer Elektronenaustrittsarbeit, z. B. Calcium, Aluminium, Magnesium/Silber-Legierung, im Hochvakuum aufgedampft. Als Schutzschicht und zur Verringerung der Injektionsbarriere für Elektronen wird zwischen Kathode und ETL dann noch eine sehr dünne Schicht an LiF oder CsF aufgebracht. Alternativ können OLED auch nahezu transparent gefertigt werden: In diesem Fall wird eine ITO Kathode eingesetzt.

Die Roadmap der großen OLED-Hersteller sieht zudem innerhalb der nächsten 5 Jahre auch die OLED-Herstellung auf Trägerfolien mit eingeschränktem Biegeradius vor.

Die Grundpatente für OLED-Materialien und -Strukturen stammen aus den 1980er Jahren. Hierbei waren Kodak (sm-OLED) und die Cambridge University (p-OLED) führend. Seit 1980 sind über OLED etwa 6.600 Patente bekannt. Die meisten Patente sind in Japan, gefolgt von den USA und Europa registriert. Deutschland liegt mit etwa 4,5 % auf Platz drei hinter den USA mit etwa 22 %.

7.3 – Der Mechanismus der Lichterzeugung

Beim Anlegen einer äußeren Spannung werden Elektronen von der Kathode injiziert, während die Anode positive Löcher bereitstellt. Die verschiedenen Ladungsträger driften aneinander vorbei und treffen sich im Idealfall in der EL, weshalb diese Schicht auch Rekombinationsschicht genannt wird. Die Elektronen und Löcher bilden dabei einen gebundenen Zustand, den man in Analogie zur LED als Exziton bezeichnet. Abhängig vom Mechanismus stellt das Exziton bereits den angeregten Zustand des Emitters (Farbstoffmolekül) dar, oder der Zerfall des Exzitons stellt beim Zerfall die Energie zur Anregung des lichterzeugenden Emitters zur Verfügung. Der angeregte Zustand setzt beim Übergang in den Grundzustand Energie in Form von Licht (Fluoreszenz) oder Wärme frei. Die Farbe des ausgesandten Lichts hängt vom Energieabstand zwischen dem angeregten Zustand und dem Grundzustand ab und kann durch Modifikation der Emitter gezielt verändert werden.

In jüngster Zeit werden Farbstoffmoleküle eingesetzt, die eine vierfach höhere Effizienz als mit den oben beschriebenen fluoreszierenden Farbstoffen erwarten lassen. Bei diesen effizienteren OLED werden metallorganische Komplexe (z. B. der Aluminium-Chi-

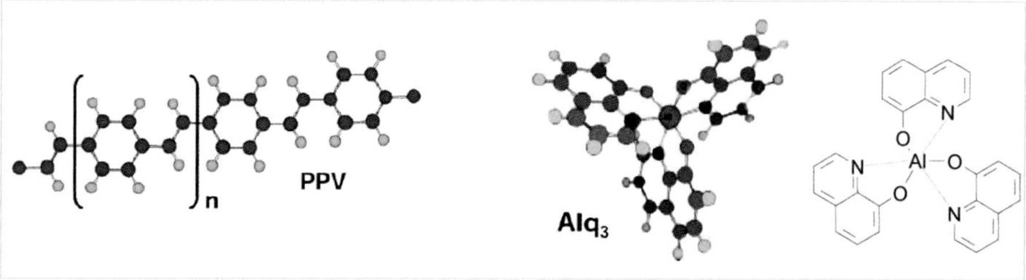

Abb. 7.2 ▶ Chemische Struktur von PVV(Polyphenylenvinylen)-Polymeren und dem Metall-Chelat-Komplex Alq₃.

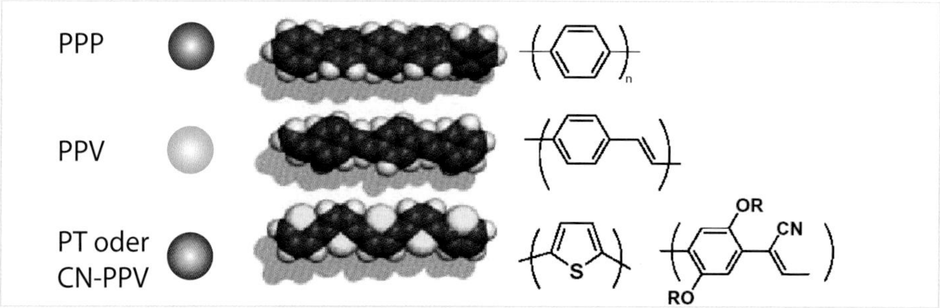

Abb. 7.3 ▶ Chemische Strukturen häufig verwendeter Materialsysteme in p-OLED: PPP (Polyparaphelylen), PPV(Polyphenylenvinylen), PT(Polyphiophen), CN-PPV (Cyanophenylenvinylen)

nolin-Komplex Alq₃) verwendet, bei denen die Lichtaussendung nicht nur über Fluoreszenz (Lichterzeugung aus Singulettübergängen) sondern gleichzeitig auch mit dreifacher Wahrscheinlichkeit über Phosphoreszenz (Lichterzeugung aus Triplett-Übergängen) erfolgt (Phosphoreszenz). Diese Farbstoffklassen werden auch Triplett-Emitter genannt, die entsprechenden OLED dann als Triplett-sm-OLED bezeichnet. Darauf soll nun noch etwas genauer eingegangen werden.

7.4 – Die Wirkungsgradoptimierung von sm-OLED

Bei der Steigerung des inneren Wirkungsgrades von sm-OLED gibt es drei hauptsächliche Zielrichtungen: Die Kombination von Fluoreszenz- und Phosphoreszenzprozessen, die effektive Umsetzung der wichtigen physikalischen Grundprozesse (Ladungsträgererzeugung, Stromtransport, Lichterzeugung) in maßgeschneiderten separaten Schichten (organische Heterostrukturen) und die Transmissionsmaximierung des Lichtes an der OLED-Oberfläche.

Bei der Lichterzeugung in OLED müssen immer positive und negative Ladungsträger strahlend rekombinieren. Quantenmechanische Auswahlregeln lassen darauf schließen, dass nur 25% des Zerfalls der aus den gegensätzlichen Ladungsträgern gebildeten Exzitonen bzw. der Übergang der lichterzeugenden Zentren vom angeregten Zustand in den Grundzustand über den erlaubten und damit schnellen Weg der Fluoreszenz abläuft. Der Rest muss über den quantenmechanisch verbotenen und damit langsamen Weg der Phosphoreszenz ablaufen. Letzterer ist hoch „anfällig" für die Thermalisierung, also die Energieabgabe in Form von Schwingungsanregung der Umgebung (Erwärmung), ohne dabei Licht freizusetzen.

Wird jedoch die lichterzeugende Schicht mit organischen Komplexen schwerer Metalle versetzt (z.B. Charge-Transfer-Chelat-Komplexe wie Ir(ppy)3, grüne Emission), so kann auch die Phosphoreszenz für die Lichterzeugung nutzbar gemacht werden. In schweren Atomen treten nämlich Spin-Bahn Kopplungen auf, die die quantenmechani-

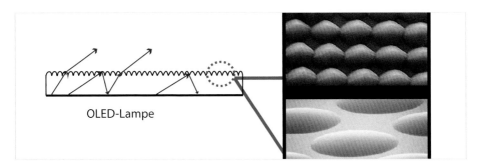

OLED-Lampe

Abb. 7.4 ▶ Oberfächentexturierung von OLED-Pixeln zur Optimierung des Lichtaustritts, rechts: REM-Aufnahmen zweier möglicher Oberflächentexturierungen - Mikrolinsen, Durchmesser 10 μm (oben) bis 200 μm (unten).

schen Spin-Auswahlregeln aufweichen und Singulett-Triplett-Übergänge ermöglichen (inter system crossing, ISC). Die Lebensdauer der angeregten Triplettübergänge muss jedoch so kurz wie möglich gehalten werden, damit mit zunehmender Erwärmung der OLED die Thermalisierung der angeregten Zustände klein gehalten wird. Eine Kombination aus phosphoreszierenden Sensibilisatoren und fluoreszierenden Emittern ist ebenfalls bereits umgesetzt worden.

7.5 – OLED-Displays

Heutzutage werden OLED vor allem zur Herstellung kleiner farbiger Displays („Bildschirme") eingesetzt – mit einem Weltmarktvolumen von etwa 6,4 Mrd. Euro (2014). Da OLED-Displays aber bislang noch teurer als LCD-Displays sind, kommen sie bisher nur in speziellen Anwendungen zum Einsatz. Zu nennen sind insbesondere die farbigen Displays portabler Kleingeräte (z.B. Handys, u.a. das iPhone von Apple). Die technischen Vorteile gegenüber kleinen LCD-Bildschirmen liegen vor allem in der geringeren Einbautiefe und dem geringen Energieverbrauch. OLED-Displays sind nämlich selbstleuchtend und müssen nicht, wie LCD-Displays, mit weißen Lichtquellen hinterleuchtet werden. Sie haben zudem einen großen Blickwinkelbereich von bis zu 170° eine hohe maximale Schaltgeschwindigkeit und eine sehr geringe Einbautiefe von ca. 1.5 – 1.8 mm. In mittlerer Zukunft dürften OLED-Displays deutlich kostengünstiger herzustellen sein als LCD- oder Plasma-Displays. Auch kann zukünftig mit einer besseren lateralen Auflösung gerechnet werden, da die RGB-Pixel nicht nebeneinander, sondern auch übereinander liegend erzeugt werden können.

OLED-Displays werden immer wieder als Nachfolger der heutigen Flüssigkristall-Displays (LCD-Displays) diskutiert: Der südkoreanische Konzern Samsung präsentierte auf der Konferenz SID 2005 in Boston bereits ein 40-Zoll-OLED-Panel (TFT-Aktivmatrix Display: „AMOLED"). Sony vermarktet seit Oktober 2007 15-Zoll Fernseher auf OLED-Basis mit 3 mm Bautiefe. Samsung stellte auf der CEBIT 2008 einen 31-Zoll-OLED-Fernseher mit 4,3 mm Bautiefe vor und plant eine Markteinführung in 2012. Toshiba und Matsushita haben die ersten OLED-Fernsehen in dem Jahr 2009 eingeführt. Samsung führte neben LG in 2012 die ersten 55-Zoll OLED-TVs ein. Diese haben ein Gewicht von nur 3,5 kg und eine Dicke von nur 4 mm. Auf der CEBIT 2013 stellte Samsung dann erstmalig einen gebogenen 55-Zoll-OLED Fernseher vor, der auch für stereoskopisches Sehen geeignet ist. Im TV-Segment, bei dem es im Gegensatz zu handheld-Applikationen weniger auf Gewicht und Bautiefe ankommt, besitzen allerdings LED-hinterleuchtete LCD-Displays innerhalb der nächsten 5 Jahre ein deutlich größeres Marktpotenzial. Die Lebensdauer von OLED-Displays gibt zudem noch einige Probleme auf, denn die roten, grünen und blauen Pixel altern unterschiedlich schnell. Durch das ungleichmäßige Altern der Einzelfarben kommt es im Laufe der Zeit zu Farbverschiebungen beim Gesamtbild. Die blauen Pixel sind am kurzlebigsten. Machbar ist momentan eine 50%-Nutzlebensdauer (Abfall der Leuchtdichte auf die Hälfte) von 150.000 Stunden. Die Vorgängergeneration erreichte lediglich eine (inakzeptabel kurze) 50%-Nutzlebensdauer von 30.000 Stunden. Als lebensdauerlimitierende Faktoren zählen zur Zeit vor allem die niedrigen Glastemperaturen der organischen Materialien, die Art der Anodenoberfläche als auch Verunreinigungen durch Feuchtigkeit und Sauerstoff.

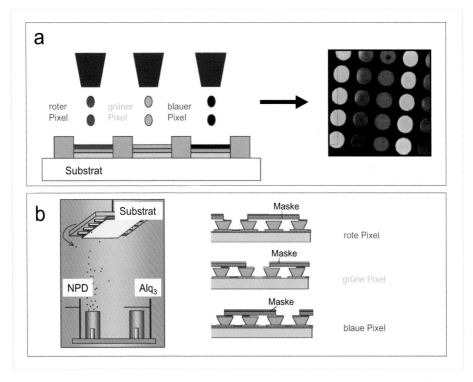

Abb. 7.5 ▶ (a) Herstellungsverfahren für p-OLED Displays: Tintenstrahlverfahren, Ortsauflösung durch sequentiellen Druck (b) sm-OLED Displays: Vakuumverfahren, Auflösung durch Maskierung

Die Herstellung von polymeren p-OLED-Displays wird als die kostengünstigere Variante diskutiert, da die einzelnen RGB-Pixel quasi per „Tintenstrahldrucker" erzeugt werden können. Dennoch werden heute aufgrund der höheren Effizienz und Lebensdauer der sm-OLED etwa 90% aller verkauften Displays aus sm-OLED gefertigt. Eine der Ursachen liegt u.a. darin, dass organische ultradünne Multischichtstrukturen auf Polymerbasis heute noch nicht gefertigt werden können. Die Präparationsverfahren bei p-OLED setzen nämlich voraus, dass jede Schicht mit einem Lösungsmittel aufgebracht werden muss, in dem sich die bereits abgeschiedenen Schichten nicht wieder auflösen oder mit der neu abzuscheidenden Schicht auf der Oberfläche vermischen.

Große OLED-Bildschirme sind bisher noch nicht zu wettbewerbsfähigen Preisen herstellbar. Der Durchbruch im Fernseh- und Monitor-Bereich wird wohl noch einige Jahre auf sich warten lassen – wenn er überhaupt kommt. Probleme stellen hierbei vor allem die Verkapselung der Bauelemente (es darf kein Wasser oder Sauerstoff in die aktiven Schichten eindringen!!!), die Prozesssicherheit bei der Fertigung größerer Flächen, als auch die aufwändigere Ansteuerung der Pixel dar. Im Gegensatz zu spannungsgesteuerten LCDs müssen die OLED stromgesteuert werden (es muss durch jeden Pixel ein Strom fließen, um Elektrolumineszenz zu erzeugen), d. h., die bekannte und ausgereifte Ansteuerungs-Technologie aus dem LCD-Bereich kann nicht einfach übertragen werden. Bei kleinen OLED-Displays kann die Steuerung über eine sogenannte Passivmatrix (ein bestimmtes Pixel wird durch das Anlegen einer Spannung an eine Zeile und Spalte geschaltet). Für große Displays ist diese Methode nicht ausreichend, und eine Steuerung muss über eine sogenannte Aktivmatrix

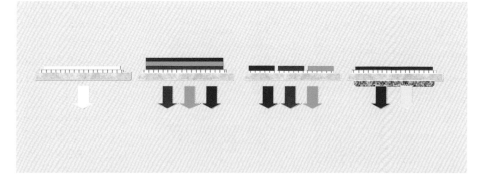

Abb. 7.6 ▶ Weiße OLED; die möglichen Varianten der Lichterzeugung von links nach rechts: Weißlichtemission aus gemischter Schicht, RGB-Schichten übereinander erzeugt, RGB-Schichten mit räumlicher Separation, blaue OLED mit Leuchtstoffbeschichtung.

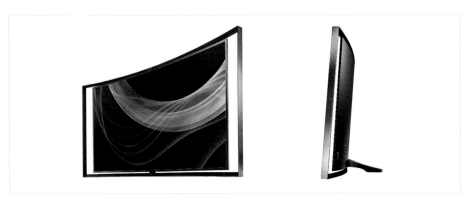

Abb. 7.7 ▶ Gebogener 55-Zoll OLED-TV für stereokopische Bilddarstellungen (Samsung 2013).

(jedes Pixel wird einzeln über einen eigenen Transistor 1:1 adressiert) erfolgen. Diese Aktivmatrix-Technologie ist bei OLED-Displays wesentlich anspruchsvoller als bei LCD-Displays, da deutlich höhere elektrische Leistungen geschaltet werden müssen.

7.6 – OLED in der Allgemeinbeleuchtung

Die Verwendung von OLED für Beleuchtungszwecke steht erst am Anfang, da hier wesentlich höhere Anforderungen an die Leuchtdichte gestellt werden müssen. In der Allgemeinbeleuchtung liegen die maximalen Baugrößen von OLED-Modulen, die kurz vor der Marktreife stehen, heute bei etwa 25 cm². Für die Herstellung weißer OLED (1.000 cdm⁻², R_a > 80, mittlere Lebensdauer > 30.000 Stunden) liefert sowohl der Einsatz von blauen Emitter-Schichten in Kombination mit zwei Leuchtstoffen als auch die Überlagerung von RGB-Schichten vergleichbare Qualitäten. Erste Bauweise liefert aber, wie auch bei anorganischen LED, einen langzeitstabileren Weißpunkt. Im Gegensatz zu anorganischen LED weisen farbige OLED eine wesentlich größere Frequenzbreite auf. Dies führt dazu, dass mit farbigen OLED zwar derzeit nicht die gleichen Farbtiefen erreicht werden können, wie mit farbigen anorganischen LED. Dafür liefert ein OLED-RGB-Modul aber weißes Licht wesentlich besserer Farbwiedergabe als ein LED-RGB(A)-Modul (siehe Abb. 7.8).

Technologisch können sowohl p-OLED als auch sm-OLED für Allgemeinbeleuchtungszwecke eingesetzt werden. Bei der Herstellung immer größerer OLED-Module stellt die

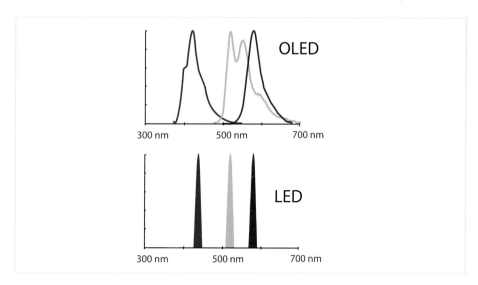

Abb. 7.8 ▶ Emissionsspektren von OLED und LED in Vergleich

sichere Beherrschung defektfreier und damit „Kurzschlussfreier" organischer Schichten zwischen den leitfähigen Elektroden ein Hauptproblem dar. Aufgrund von organischen Schichtdicken kleiner 100 nm – Dimensionen deutlich unterhalb der eines Staubkorns – ist die sichere Herstellung großflächiger OLED eine große technologische Herausforderung. Bei anorganischen LED besteht zwar auch die Notwendigkeit, auf einem Siliziumwafer möglichst defektfreie Multischichten zu erzeugen. Aus einem Wafer werden aber am En-

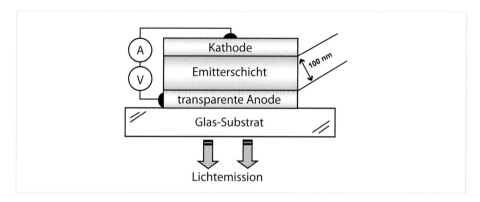

Abb. 7.9 ▶ Vereinfachter Aufbau einer OLED für die Allgemeinbeleuchtung

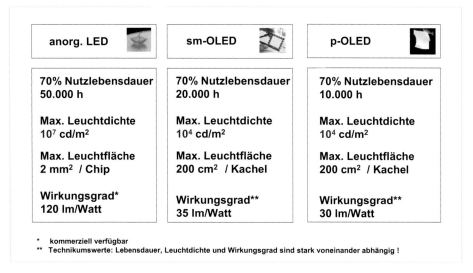

anorg. LED	sm-OLED	p-OLED
70% Nutzlebensdauer 50.000 h	70% Nutzlebensdauer 20.000 h	70% Nutzlebensdauer 10.000 h
Max. Leuchtdichte 10^7 cd/m²	Max. Leuchtdichte 10^4 cd/m²	Max. Leuchtdichte 10^4 cd/m²
Max. Leuchtfläche 2 mm² / Chip	Max. Leuchtfläche 200 cm² / Kachel	Max. Leuchtfläche 200 cm² / Kachel
Wirkungsgrad* 120 lm/Watt	Wirkungsgrad** 35 lm/Watt	Wirkungsgrad** 30 lm/Watt

* kommerziell verfügbar
** Technikumswerte: Lebensdauer, Leuchtdichte und Wirkungsgrad sind stark voneinander abhängig !

Abb. 7.10 ▶ Leistungsdaten heutiger LED und OLED im Vergleich

de des Beschichtungsprozesses eine große Zahl kleiner LED-Chips (Fläche etwa 1 mm²) geschnitten, so dass ein Defekt nur zum Ausfall eines Einzelchips nicht aber des ganzen Wafers führt. Zur Zeit kann mit einer Verdopplung der maximalen OLED-Fläche etwa alle zwei Jahre gerechnet werden.

Der Vorteil von OLED für die Allgemeinbeleuchtung liegt in der Möglichkeit, großflächige Lambertstrahler ohne zusätzliche Optiken erzeugen zu können. Zudem kann man OLED-Module so bauen, dass sie im stromlosen Zustand quasi eine Spiegelkachel darstellen, auf deren Oberfläche dann Licht „zugeschaltet" werden kann.

Auch OLED-Module mit einer im stromlosen Zustand vorherrschenden Transparenz von über 90% sind prinzipiell schon jetzt herstellbar. Hieraus ergeben sich in naher Zukunft zahlreiche neue Lichtanwendungen insbesondere im hochwertigen Designbereich. Erste OLED-Produkte in Form von Lichtkacheln sind seit 2009 am Lichtmarkt verfügbar (z. B. www.lumiblade.com).

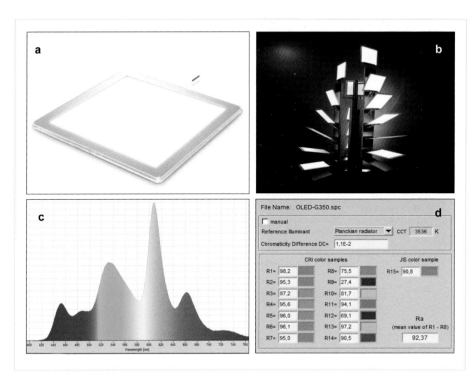

Abb. 7.11 ▶ a) weißes OLED-Panel GL 350 (Philips), lichterzeugende Fläche 120 cm², 17 lm/W b) OLED-Leuchten von Liternity, c) Spektrum der GL 350 Kachel (superponierende OLED-Schichte), d) Farbwiedergabe der GL 350 Kachel.

Abb. 7.12 ▶ OLED-Spiegel von Philips, dessen Lichteffekte über einen Distanzdetektor gesteuert werden.

8   Laserlicht und Laserapplikationen

8.1 – Absorption und Emission – Einsteinsche Koeffizienten

Hinter dem Wort Laser (light amplification by stimulated emission of radiation) verbirgt sich die Verstärkung von Licht durch das Prinzip der induzierten Emission: Die Lichtabsorption eines Moleküls oder Kristalls, die mit einem Elektronenübergang von E_1 zu einem energetisch höher gelegenen Zustand E_2 verbunden ist, erfolgt immer induziert (Abb. 8.1). Dies bedeutet, dass genau ein Lichtquant der Energie ΔE aufgenommen werden muss, um ein Elektron von E_1 nach E_2 anzuheben. Für die strahlende Emission (Abregung) sind hingegen zwei Varianten möglich. Zum einen kann die **Emission spontan** erfolgen (E_{spon}), d.h. vom am Molekül oder Kristall anliegenden Strahlungsfeld unabhängig. Die abgegebene Strahlung ist dabei räumlich isotrop. Zum anderen kann die Emission durch Wechselwirkung mit einem Strahlungsfeld, d.h. **induziert**, erfolgen (E_{ind}). Die dabei emittierten Photonen verstärken dann eine Eigenschwingung des Strahlungsfeldes, werden also räumlich anisotrop, d. h. in Phase zur die Emission auslösenden Eigenschwingung des Strahlungsfeldes, emittiert.

Induzierte Absorption $\left(\dfrac{dN_1}{dt}\right)_{abs} = \sigma_{12} N_1 \, j_{Phot}$ (Gl. 8.1)

σ_{12} = Wirkungsquerschnitt des Zustands 1 (unterer Zustand)
N_1 = Zahl der Elektronen in Zustand 1 (unterer Zustand)
j_{Phot} = Photonenstromdichte

Spontane Emission $\left(\dfrac{dN_2}{dt}\right)_{spon} = -\dfrac{N_2}{\tau_2} = -A_E N_2$ (Gl. 8.2)

τ_2 = Lebensdauer des Zustands 2 (oberer Zustand)
A_E = Einsteinkoeffizient der spontanen Emission

Induzierte Emission $\left(\dfrac{dN_2}{dt}\right)_{ind} = \sigma_{21} N_2 j_{Phot} = \dfrac{\sigma_{21} N_2 I_{Phot}}{h\nu_{12}} = \dfrac{\sigma_{21} c\rho \, N_2}{h\nu_{12}} = B_{E21}\rho \, N_2$ (Gl. 8.3)

I_{phot} = Intensität der die induzierte Emission auslösenden Lichtwelle
ρ = Energiedichte (Energie/Volumen) der Lichtwelle
B_E = Einsteinkoeffizient der induzierten Emission

Das Verhältnis aus spontaner (A_E) und induzierter Emission (B_E) nimmt bei kurzen Wellenlängen zu Lasten der induzierten Emission zu. UV-Licht emittierende Laser sind daher nur unter deutlich höheren Pumpleistungen zu realisieren als Laser, die im Infraroten arbeiten.

$$\frac{A_E}{B_E} = 8\pi h \frac{c^3}{v^3} \qquad \text{(Gl. 8.4)}$$

Die Anregung (Systemabkühlung) und die Abregung (Systemerwärmung) durch Stoßwechselwirkung oder Gitterschwingung bleibt bei dieser Betrachtung unberücksichtigt und wird pauschal dem Systemverlust zugeordnet.

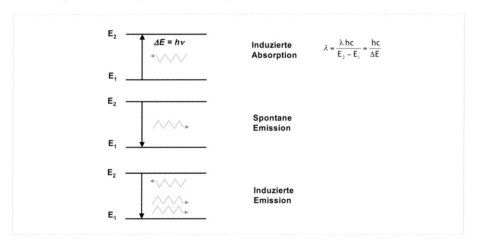

Abb. 8.1 ▶ Absorption und Emissionsarten

8.2 – Zeitliche und räumliche Kohärenz

8.2.1 Thermische Lichtquellen

Die Erfahrung zeigt, dass zwei von verschiedenen konventionellen Lichtquellen, wie thermischen Strahlern und Gasentladungslampen, stammenden Wellen bei räumlicher Überlagerung nicht miteinander interferieren oder, genauer gesagt, keine sichtbaren Interferenzerscheinungen (Lichtverstärkung und Lichtauslöschung) erzeugen. Diese Strahlung ist nicht interferenzfähig und wird als **inkohärent** bezeichnet (lat. cohaehere = zusammenhängen). Konventionelle Lichtquellen strahlen begrenzte Wellenzüge von etwa 10^{-8} s Dauer aus. Die Phasenbeziehung zwischen zwei je aufeinander folgenden Wellenzügen wechselt dabei völlig unregelmäßig. Zwischen den verschiedenen räumlichen Punkten des emittierten elektromagnetischen Strahlungsfeldes besteht also keine Phasenkorrelation. Die **Interferenzerscheinung** ist damit **nicht stationär**, sondern ändert in Intervallen von etwa 10^{-8} s ihr Aussehen und kann folglich vom menschlichen Augen nicht beobachtet werden. Erst wenn das Licht einer einzigen konventionellen Lichtquelle in zwei oder mehrere Teilwellen zerlegt wird, sind in jedem Punkt des Überlagerungsraumes feste Phasenbeziehungen zwischen den Teilwellen vorhanden. Die Interferenz ist stationär und damit beobachtbar, da sich nun identische Wellenzüge der gleichen Lichtquelle überlagern (Abb. 8.2).

8.2.2 – Laser

Durch die induzierte Emission werden im Laser zwar die emittierenden Atome synchronisiert und sollten einen regelmäßigen Wellenzug aussenden. Aber hin und wieder schert ein Atom aus dem Gleichtakt aus und emittiert spontan ein Photon, welches in Frequenz und Phase nicht mit dem vorhandenen Strahlungsfeld übereinstimmt.

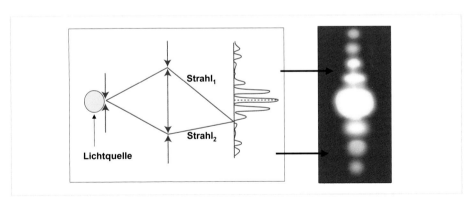

Abb. 8.2 ▶ *Young'sches Doppelspaltexperiment und dazugehöriges Wellenbild*

Dem regelmäßigen Strahlungsfeld überlagert sich eine statistische Störung. Diese ist zwar gering, aber mit wachsender Zeit addieren sich die Störungen, und der reale Sinuswellenzug verschiebt sich in nicht vorhersehbarer Weise gegen einen idealen Wellenzug. Die Zeit, nach der diese Verschiebung $\lambda/2$ beträgt, nennt man **Kohärenzzeit (τ_{coh})**. Multipliziert man die Kohärenzzeit mit der Vakuumlichtgeschwindigkeit (c_0), so ergibt sich die **Kohärenzlänge (l_{coh})**.

$$l_{coh} = c_0 \tau_{coh} \qquad \text{(Gl. 8.5)}$$

Der Kehrwert der Kohärenzlänge entspricht der **spektralen Bandbreite** (Halbwertsbreite) der Emissionsfrequenz des Laserlichts.

$$\Delta \upsilon = 1/\tau_{coh} \qquad \text{(Gl. 8.6)}$$

Die räumliche Kohärenz betrachtet hingegen die Güte der Phasenbeziehung zwischen zwei räumlich differenten Punkten im Strahlungsfeld. Im Idealfall, d. h. bei konstanter Phasenbeziehung, ergeben sich bei der Überlagerung zweier Wellenzüge, z. B. am Doppelspalt, stehende Interferenzfiguren. Die **Strahlenkennzahl K** ist ein Maß für die Güte der räumlichen Kohärenz (Tabelle 8.1).

Lichtquelle	zeitl. Kohärenz Kohärenzlänge	räuml. Kohärenz Strahlenkennzahl
Taschenlampe	$0,5 \ \mu m$	$1/10.000$
Festkörperlaser	$0,1 \ m$	$1/100$
CO2-Laser	$1 \ m$	$0,8$
He-Ne-Laser	$10 \ m$	1
He-Ne-Laser (stabilisiert)	$300.000 \ km \ (\approx 1s)$	1

Tabelle 8.1 ▶ Räumliche und zeitliche Kohärenz verschiedener Lichtquellen.

Thermische Lichtquellen emittieren Licht durch spontane Emission in alle Raumrichtungen. Der von einem Laser emittierte Strahl wird hingegen mit wachsendem Anteil an Photonen, die durch induzierte Emission erzeugt werden, räumlich immer anisotroper, sein Öffnungswinkel fällt.

Das Produkt aus Öffnungswinkel (θ) und Strahldurchmesser (D) wächst mit der Güte der Laserstrahlung, d.h. mit wachsender räumlicher Kohärenz, die Strahlenkennzahl (K) geht gegen 1.

$$\theta \cdot D = 4\lambda/\pi K \qquad\qquad \text{(Gl. 8.7)}$$

Ein idealer Laserstrahl ($K = 1$) des Durchmessers D hat daher den Öffnungswinkel:

$$\theta = 4\lambda/\pi D \quad \textit{(ideal)} \qquad\qquad \text{(Gl. 8.8)}$$

Ein weiteres Maß für die Güte des Laserstrahls ist seine **Schärfentiefe** (**Rayleighlänge, Z_r**). Sie beschreibt die Wegstrecke, die zur Verdopplung des Strahlenbündeldurchmessers hinter dem Fokuspunkt F führt, wenn ein Laserstrahl eine konvergierende Optik passiert.

$$Z_r = K\,\pi F^2/4\lambda \qquad\qquad \text{(Gl. 8.9)}$$

Eine hohe Strahlqualität ist durch eine Strahlenkennzahl nahe 1, große Kohärenzlänge und große Schärfentiefe charakterisiert. Charakteristisch für die Laserstrahlung ist also die hohe zeitliche und räumliche Kohärenz bei **gleichzeitig** hoher Strahlungsintensität. Hoch kohärentes Licht lässt sich nämlich auch aus einer thermischen Strahlungsquelle mittels Blende (Verringerung der räumlichen Kohärenz) und Frequenzfilter (Verringerung der zeitlichen Kohärenz) herausfiltern, was allerdings zu sehr geringen Strahlungsintensitäten führt.

Eine eindeutige Unterscheidung zwischen Laserlicht und thermischem Licht gelingt daher durch Parameter der geometrischen Optik nicht. Auf Quantenniveau können thermisches Licht und Laserlicht aufgrund ihrer unterschiedlichen Photonenstatistik sehr wohl eindeutig unterschieden werden. Enthält das elektromagnetische Feld nur sehr wenige Photonen, so machen sich diese durch eine Fluktuation der Lichtintensität bemerkbar, was heutzutage mittels Photomultiplier problemlos nachzuweisen ist. Dabei unterliegen die Photonen einer thermischen Lichtquelle einer **Bose-Einstein-Verteilung**, die Photonen einer Laserquelle hingegen einer **Poisson-Verteilung** (Abb. 8.3). Die Intensitätsschwankungen in der thermischen Lichtquelle sind folglich aufgrund der im Vergleich zur Poisson-Verteilung wesentlich breiteren Bose-Einstein-Verteilung deutlich größer (**Photonen bunching**).

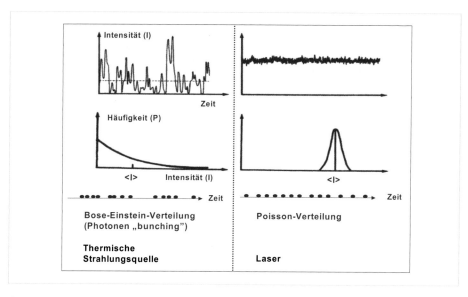

Abb. 8.3 ▶ *Unterscheidung von Laserlicht und Licht thermischer Lichtquellen über die unterschiedliche Photonenstatistik.*

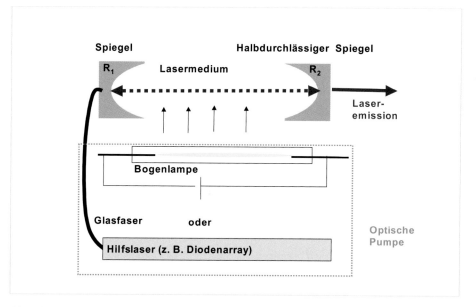

Abb. 8.4 ▶ *Schematischer Aufbau eines Lasers*

8.3. – Laseraufbau und Wirkungsprinzip

Das Gundprinzip des Lasers lässt sich folgendermaßen zusammenfassen: Ein Laser besteht im wesentlichen aus drei Komponenten: Dem **Lasermedium** (aktives Medium, verstärkendes Medium), in das von einer **Energiepumpe** Energie hineingepumpt wird, und einem optischen **Resonator**, der ein Teil dieser Energie in Form von elektromagnetischen Wellen speichert (Abb. 8.4).

In zeitlicher Reihenfolge laufen bei der Inbetriebnahme des Lasers folgende Prozesse ab:

1) Die mit elektrischem Strom angetriebene Energiepumpe, wie Blitzlichtlampe (Xe), kontinuierliche Gasentladungslampe (Kr) oder Diodenlaser, bewirkt bei den aktiven Spezies im Lasermedium eine induzierte Absorption von Lichtquanten. Eine vom thermischen Gleichgewicht abweichende Besetzung (siehe Bolzmanngleichung, Kapitel 5) eines oder mehrerer Energieniveaus oberhalb des Grundniveaus bildet sich aus (Abb. 8.5).

2) Nahezu gleichzeitig zur Absorption emittieren die aktiven Spezies spontan Lichtquanten. Meist werden druck- oder schwingungsverbreiterte Linien unterschiedlicher Intensität und Frequenz gleichzeitig emittiert.

3) Der Resonator beginnt nun eine oder mehrere dieser emittierten Frequenzen in Abhängigkeit von seiner Baulänge und der Beschaffenheit der verwendeten Spiegel hin- und her zu reflektieren. Eine stehende Lichtwelle bildet sich aus, die induzierte Emission auslöst. Für den erfolgreichen Laserbetrieb muss die Rate der induzierten Emission jedoch größer sein als die Rate der induzierten Absorption, zuzüglich aller optischen Verluste des Systems. Dies kann nur durch Besetzungsinversion ($N_2 > N_1$) und ausreichende Wechselwirkung mit dem aktiven Medium (hoher Wirkungsquerschnitt) erreicht werden. Der optische Resonator des Lasers wird benötigt, um durch Hin- und Herlaufen der Lichtwelle zwischen zwei Spiegeln (stehende Welle) die Weglänge durch das aktive Lasermedium zu vergrößern, und somit einen ausreichenden Verstärkungsfaktor G zu erreichen:

$$G = exp\ [\sigma_{21}\ (N_2 - N_1)L] \qquad \text{(Gl. 8.10)}$$

σ_{21}	=	Wirkungsquerschnitt des oberen Laserniveaus
L	=	Länge des Resonators
G	=	Verstärkungsfaktor

Verstärkung tritt genau dann ein, wenn das Produkt aus dem mittleren Reflektionsgrad (R) der Resonatorspiegel und dem Verstärkungsfaktor (G) größer 1 wird ($GR > 1$).

4) Die Lichtwelle im Laser wird nun bei jedem Durchlauf durch den Resonator verstärkt. Ein stationäres Gleichgewicht bildet sich aus: Durch den halbdurchlässigen Spiegel des Resonators wird alles Licht oberhalb der Sättigungsintensität, dass durch induzierte Emission entsteht, ausgekoppelt.

$$I_{sätt} = h\nu/\sigma_{21}\tau \qquad\qquad (Gl. 8.11)$$

Unabhängig davon, wie hoch die Pumpleistung über der Schwellenwertleistung liegt, stellt sich im stationären Betrieb (cw, contineous wave) des Lasers immer ein Inversionsgrad ein, bei dem die Lichtabgabe durch den halbdurchlässigen Resonatorspiegel und innere Verluste des Lasermediums (Absorption, Beugung, Brechung an Spiegeln etc.) gerade kompensiert werden.

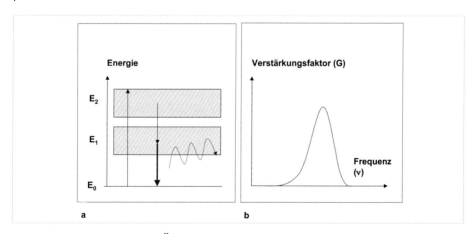

Abb. 8.5 ▶ *Elektronische Übergänge beim Dreiniveaulaser und Frequenzabhängigkeit des Verstärkungsfaktors*

8.3.1 – Der Laserresonator und seine Moden

Die Länge des Laserresonators muß so eingestellt sein, dass dessen Länge (**L**) genau einem ganzzahligen Vielfachen der halben Wellenlänge entspricht, die verstärkt werden soll (**L = nλ/2**, Abb. 8.7). Die sich in diesem Fall ausbildende stehende Welle wird durch die

Anzahl (n) der Knoten gekennzeichnet und als **longitudinaler Mode** bezeichnet (Schwingung parallel zur Achse des Resonators).

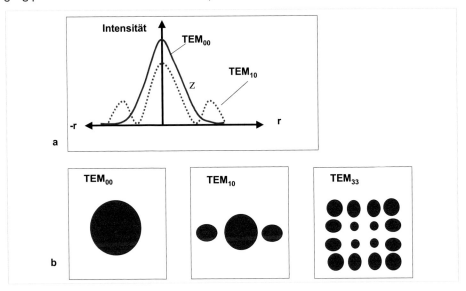

Abb. 8.7 ▶ Lasermoden

Aber auch quer zur Richtung der stehenden Welle bildet sich eine Modenstruktur aus, die als **transversaler Mode** (TEM) bezeichnet wird. Der TEM kennzeichnet die Intensitätsverteilung im Querschnitt des Laserstrahls (Eigenschwingungsform des elektrischen Feldstärkevektors). Angestrebt wird für den Laserbetrieb meist der Grundmode (TEM$_{00}$, Gaußscher Mode), da bei ihm die Strahlqualität (Fokussierbarkeit) am besten ist.

8.3.2 – Erzeugung von Laserpulsen

Durch die Anregungsleistung wird im oberen Laserniveau eine Überbesetzung aufgebaut. Ist diese ausreichend groß, so setzt Selbsterregung ein, und durch die induzierte Emission wird die Überbesetzung auf den Gleichgewichtswert abgebaut. Das System funktioniert wie ein Waschbecken mit einem Überlauf. Erhöhter Zufluss ändert nicht den Wasserspiegel, sondern vergrößert den Abfluss (beim Laser die Ausgangsleistung). Doch was geschieht, wenn man den Überlauf verschließt – wenn man verhindert, dass während des Aufbaus der Inversion ein Feld im Resonator entsteht? Der Wasserspiegel steigt!

Genau das wird beim Laser mit **Q-Switch** gemacht (Güteschaltung, Q = quality). Ein mechanischer Schalter verdeckt einen Resonatorspiegel und unterbindet damit Reflexion, Verstärkung und induzierte Emission. Die Laserpumpe kann nun das obere Laserniveau bis zu einem Gleichgewichtsniveau weit oberhalb des kontinuierlichen Laserbetriebs bevölkern. Die maximale Besetzungsdichte hängt nun nur von der spontanen Emissionsrate ab. Wird die Rückkopplung kurzzeitig freigegeben (Pulszeit 10^{-8}-10^{-9}s), so entsteht ein sehr starker Laserpuls, der im Megawatt-Bereich liegen kann. Die Pulsrate beträgt bei der Güteschaltung ca. 1 Hz. Am Beispiel des Wasserbeckens entsteht durch die Güteschaltung ein bis zum Rand gefülltes Becken, das durch Ziehen des Stöpsels einen kurzen starken Wasserstrahl freisetzt. Wesentlich schnellere Pulsraten lassen sich durch elektrooptische Schalter (Kristall) erreichen, die auf die Umlaufzeit des Pulses im Resonator abgestimmt sind, die typischerweise etwa 10^{-8} s beträgt.

Noch schnellere Pulsraten und kürzere Pulszeiten (bis 10^{-12} s) lassen sich mit der sogenannten Modenkopplung erreichen. Hierfür sind Laser erforderlich, die über eine breite spektrale Bandbreite emittieren können, d. h. bei denen viele verschiedene Longitudinalmoden im Laserresonator auftreten können (z. B. Farbstofflaser). Bei der Modenkopplung werden nun mit Hilfe eines sehr schnellen optischen Schalters die verschiedenen Moden innerhalb des Resonators in Phasenkorrelation gebracht. Hierdurch entsteht ein gepulster Lichtstrahl, dessen Pulsabstände dem Kehrwert des Frequenzabstands ($\Delta t_{Puls} = 1/\Delta v_{Mode} = 2L/c$) der Lasermoden entsprechen. Die Pulsbreite korreliert hingegen mit dem Kehrwert der Halbwertsbreite der Verstärkungskurve im Lasermaterial.

8.3.3 – Laserklassen

In Abhängigkeit von ihrer Schädigungswirkung auf das menschliche Auge sind Laser in verschiedene Klassen eingeteilt (DIN 60825-1). Diese Einteilung gilt auch für LEDs. Die wichtigsten Klassen sind hier wiedergegeben:

Klasse 1:	sicher für das menschliche Auge
Klasse 1M:	sicher ohne Hilfsmittel (Lupe, Fernrohr etc.)
Klasse 2:	sicher durch Abwendungsreaktion oder Lidschluss (t < 0,25s) (nur für VIS-Laser; 400-700 nm).
Klasse 3B:	direkter Blick in den Strahl führt immer zu Schädigung des Auges
Klasse 4:	Hochleistungslaser, Strahl u. seine diffuse Reflexion schädigen Auge&Haut

8.4 – Ausgewählte Lasertypen

8.4.1 – Festkörperlaser

Der älteste überhaupt bekannte Laser ist der Rubinlaser. 1960 wurde erstmalig durch Maiman mittels einer Xe-Blitzlichtlampe und eines synthetischen Rubinstabs (0,5% Cr^{3+}-Ionen in Al_2O_3-Wirtsgitter) die 1916 von Einstein theoretisch behandelte stimulierte Emission im optischen Spektralbereich nachgewiesen (Abb. 8.8).

Der Rubinlaser ist ein 3-Niveau-Laser. Dies bedeutet, dass das untere Energieniveau des strahlenden Laserübergangs einen Grundzustand darstellt. Daraus folgt, dass der für den Laserbetrieb notwendige Zustand erst ab 50% Anregung, d.h. bei sehr hoher Pumpleistung, erreicht werden kann. Dies sowie Selbstabsorption in den schwächer gepumpten Bereichen des Lasermediums reduziert den maximalen Wirkungsgrad des Rubinlasers und ermöglicht ausschließlich Pulsbetrieb, um das Lasermedium nicht zu überhitzen.

Ein Überwiegen der induzierten Emission durch Besetzungsinversion ($N_2 > N_1$) ist bei sehr langen Lebensdauern der oberen und kurzen Lebensdauern des unteren Zustands einfacher zu erreichen. Genau dies ist beim wichtigsten und zugleich „preiswertesten" Festkörperlaser realisiert, dem Nd:YAC-Laser (Abb. 8.9, 8.10). Das aktive Medium dieses Lasers besteht aus neodymdotiertem Yttrium-Al-Granat (1% Nd^{3+}-Ionen im $Y_3Al_5O_{12}$-Wirtsgitter).

Historie des Lasers

1913	Erfindung der elektischen Verstärkerröhre (Forest & von Lieben)
1916	Theoretische Behandlung des optischen Verstärkungsprinzips (Einstein)
1913	erstes selbstschwingendes elektr. System „elektrische Taschenuhr" (Meißner)
1954	erster Maser (Mikrowellenverstärkung) (Gordon & Zeiger, Basov & Prokhorov)
1960	erster Laser = Rubinlaser (Maiman)
1962	erster Diodenlaser
1973	kosmischer Laser: Laserlicht in Quasaren entdeckt
1984	erster Röntgenlaser

Beim 4-Niveau-Laser (Abb. 8.9) ist im Gegensatz zum 3-Niveau-Laser das untere Niveau kein langlebiges Grundniveau, sondern ein kurzlebiger angeregter Zustand. Beim Nd:YAC-Laser reicht daher eine niedrigere Pumpleistung aus, um einen Laserbetrieb zu ermöglichen, so dass auch ein kontinuierlicher Betrieb (cw, contineous wave) möglich wird, ohne das aktive Medium zu überhitzen – ausreichende Wasser – oder Luftkühlung vorausgesetzt.

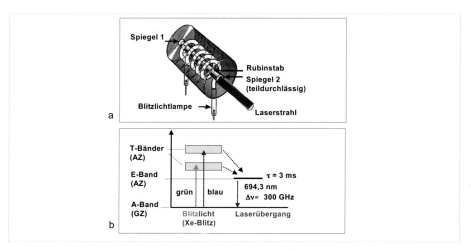

Abb. 8.8 ▶ Rubinlaser: a) Aufbau und b) optische Übergänge

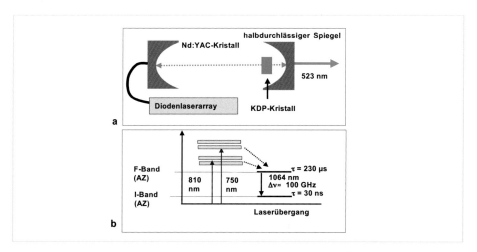

Abb. 8.9 ▶ Neodym-YAC-Laser: a) Aufbau und b) optische Übergänge

Die Emissionslinie des Nd:YAC-Lasers kann durch Frequenzverdopplung, z. B. durch einen Kaliumdihydrogenphosphat-Kristall (KDP) im Resonator, von 1064 nm in den sichtbaren Bereich verschoben werden (523 nm). Während der Wirkungsgrad für den cw-Betrieb nur ca. 4,5% beträgt, lassen sich im Pulsbetrieb diodengepumpter Nd:YAC-Laser bis zu 10% Wirkungsgrad in Bezug auf die verbrauchte elektrische Leistung erreichen. Der Umweg elektrische Leistung (100%) → Diodenlaser (50%) → Festkörperlaser (10%) wird dabei beschritten, um eine viel bessere Laserstrahlqualität zu realisieren, obgleich dabei der Wirkungsgrad deutlich zurückgeht. Eine weitere bedeutsame Variante des Nd:YAC-Lasers ist der in der Medizintechnik zur Photoablation eingesetzte Er:YAC-Laser (2,9 μm).

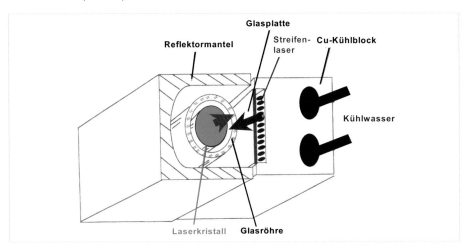

Abb. 8.10 ▶ Diodengepumpter Neodym-YAC-Laser mit Wasserkühlung

8.4.2 – Gaslaser

Gaslaser repräsentieren noch immer die größte Gruppe in der rasch wachsenden Laserfamilie. Ihre Popularität liegt an den günstigen Ausgangsmaterialien und der im Vergleich zu anderen Lasertypen einfachen Herstellbarkeit. Hauptsächlich finden Gase, wie *He-Ne, Ar, Kr* und CO_2, Anwendung. Besonders häufig werden neben den leistungsstarken CO_2-Lasern *Ar*- und *Kr*-Laser eingesetzt. Diese Laser haben einen enormen Vorteil: Sie sind in der Lage, mehrere Linien, also Wellenlängen, gleichzeitig zu produzieren. Diese reichen über das ganze Farbspektrum. (*Ar*: 334 - 528 nm, *Kr*: 337 - 799 nm).

Für Lasershows eigenen sich besonders Mischgaslaser (Ar/Kr), mit deren Hilfe durch gleichzeitige Emission mehrerer im sichtbaren Bereich liegender Spektrallinien „weißes Laserlicht" erzeugt werden kann. Da die Wirkungsgrade nur bei > 1% liegen, ist bei größeren Leistungen Wasserkühlung erforderlich.

8.4.3 – Farbstofflaser

Im sichtbaren und ultravioletten Spektralbereich sind Farbstoff-Laser (Abb. 8.11, 8.12) die bisher bei weitem dominierenden Vertreter durchstimmbarer Laser (300 - 1.200 nm). Je Farbstoff kann dabei die Frequenz um bis zu 150 nm variiert werden. Ursache ist der Laserübergang zwischen zwei elektronischen Bändern, die jeweils eine größere Anzahl von Schwingungsunterniveaus enthalten. Durch Variation der Resonatorlänge (Gitter, Etalon etc.) lässt sich der maximalverstärkte Übergang innerhalb der Bänder energetisch verschieben. Bei konstanter Pumpe (Kr-Lampe, Diodenlaser, Cu-Laser) ist, begünstigt durch das 4-Niveau-System, cw-Betrieb möglich. Der maximale Wirkungsgrad von ca. 50% wird beim Betrieb am Cu-Laser erreicht. Extrem kurze Pulse (<10^{-12} s) lassen sich bei Farbstofflasern durch Modenkopplung erzielen. Beim Farbstofflaser besteht das aktive Medium aus einer ca. 1 mMol wässrigen Lösung eines Farbstoffs mit ausgedehntem π-Elektronensystem. Eine kontinuierliche Durchströmung des mit Sauerstoff angereicherten Lasermediums dient der optimalen Wärmeabführung und verringert Verluste durch strahlungslose Übergänge zwischen dem Emissionsniveau des Lasers (Singulett-Zustand) und dem Triplett-Termsystem (Intersystem-Crossing).

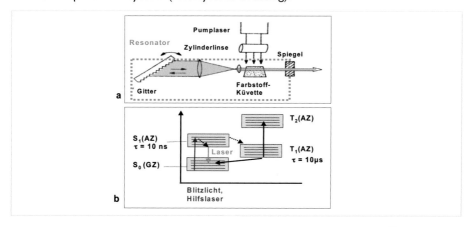

Abb. 8.11 ▶ *Durchstimmbarer Farbstofflaser: a) Aufbau und b) optische Übergänge*

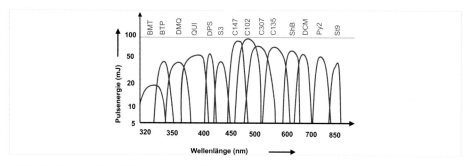

Abb. 8.12 ▸ *Farbstoffklassen und die Breite ihrer Fluoreszenzübergänge*

8.4.4 – Halbleiterlaser (Diodenlaser)

Beim Diodenlaser wird der elektrische Strom direkt zur Erzeugung der Besetzungsinversion ausgenutzt. Diodenlaser ähneln vom Aufbau her einer LED (Abb. 8.13, 8.14). Im
Gegensatz zur LED muss jedoch die Diffusionszone des Halbleiters (pn-Kontakt) ver-
spiegelt werden, um einen Laser-Resonator zu erzeugen. Außerdem muss die Stromdichte
so hoch gewählt werden, dass der für den Laserbetrieb notwendige Schwellenstrom überschritten wird. Als Resonatorflächen in Emissionsrichtung dienen beim Diodenlaser im
einfachsten Fall die glatten äußeren Kristallflächen des Halbleiterkristalls. Senkrecht zur
Emissionsrichtung erfolgt die Lichtreflexion an Dünnschichten differenter Brechungsin-
dizes.

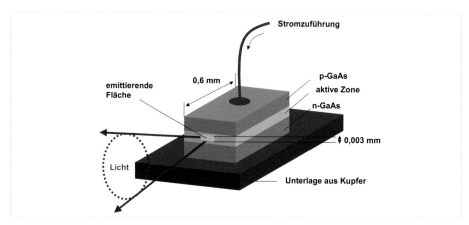

Abb. 8.13 ▸ *Schematischer Aufbau eines Diodenlasers*

Bei kleiner Leistungsaufnahme arbeitet der Halbleiterlaser im LED-Mode. Erst ab einer bestimmten Mindeststromaufnahme, die von der Bauart des Lasers abhängig ist, wird die Schwelle zur Dominanz der spontanen Emission und damit zum Laserbetrieb überschritten (Abb. 8.13). Die Lichtemission geht zu einer geringeren Halbwertsbreite und höherer Kohärenz über.

Halbleiterlaser sind charakterisiert durch geringe Herstellungskosten, sehr kleine Abmessungen (µm-Bereich), 5%-Lebensdauern bis zu 50.000 Stunden, Wirkungsgrade bis über 50% sowie einfache Modulierbarkeit der Intensität über den Betriebsstrom. Letztere ermöglicht, Frequenzen bis in den Gigaherzbereich zu übertragen. Zu den Nachteilen von Diodenlasern zählen die infolge des sehr kleinen Resonators nur mäßige Strahlqualität (grosse Linienbreite u. Divergenz) sowie ihre geringe Einzelleistung. Letztere kann jedoch durch die Konstruktion von Heterostrukturen deutlich verbessert werden: Beim Übergang von der einfachen pn-Diffusionszone zu ternären und quartären Mehrfachschichten differenter Dotierung (z. B. *n-GaAs/n-GaAlAs/GaAs(n od. p)/p-GaAlAs/p-GaAs statt p-GaAs/n-GaAs*) lassen sich sehr dünne pn-Kontaktzonen herstellen, die seitlich durch Schichten mit größerer Bandlücke und höherem Brechungsindex begrenzt werden (**carrier confinement** und **optical confinement,** Abb. 8.14). Hierdurch wird die Rekombinationsrate vergrößert und die Qualität des Resonators gesteigert; cw-Betrieb wird durch eine deutliche Verringerung des Schwellstroms möglich. Das confinement in der zweiten Dimension senkrecht zum Emissionsstrahl erfolgt dann durch nur lokale Stromzuführung (**gain guided**, gewinngeführt) oder durch Sperrschichten (**index guided**, indexgeführt). Eine weitere Möglichkeit zur Vergrößerung der Energiedichte von Diodenlasern stellt ihre Gruppierung in **Streifen- oder Stapelarrays** dar, die Energiedichten von über 200 W/cm^2 ermöglichen. Die Emissionswellenlänge eines Diodenlasers ist einer großen Fertigungstoleranz unterworfen, die bis zu bis ± 5% betragen kann. Der Temperaturkoeffizient der Emissionswellenlänge von ca. 0,07 nm/°C ist zudem so groß, dass auf konstante Betriebstemperaturen geachtet werden muss.

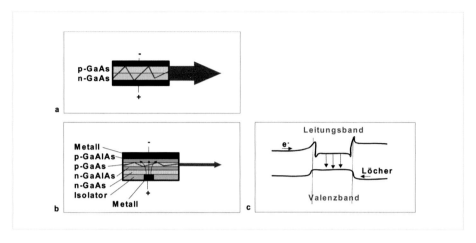

Abb. 8.14 ▶ Diodenlaser: a) einfacher Diodenlaser b) gewinngeführter Diodenlaser c) carrier- und optical confinement durch Bandindexsprünge im Halbleiterkristall

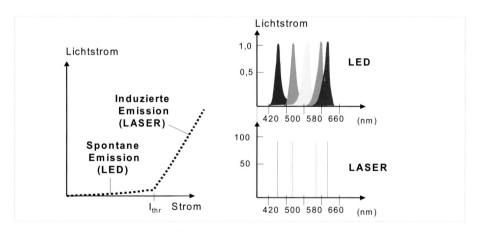

Abb. 8.15 ▶ Halbleiterlaser: Übergang vom LED- zum Lasermode

Die Intensität von Diodenlasern kann direkt über den Betriebsstrom moduliert werden. Dies ermöglicht, Frequenzen bis in den Gigaherzbereich zu übertragen. Weiterhin kann die Emissionsfrequenz des Laserlichts über einen Spektralbereich von etwa 10% der Zentralwellenlänge verschoben werden. Um eine derartige Durchstimmung zu ermöglichen, werden anstatt des Resonators, der durch die Kristallflächen gegeben ist, externe Resonatoren verwendet, die eine Frequenzselektion durchführen. Im einfachsten Fall ist dies ein Beugungsgitter (siehe Farbstofflaser, Abb. 8.11).

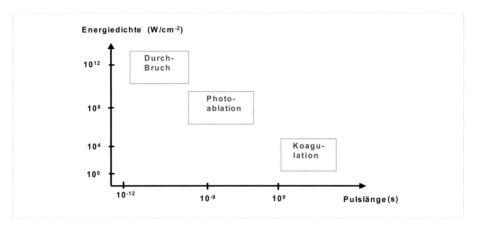

Abb. 8.16 ▶ Auswirkung von Laserlicht auf menschliches Gewebe

8.5 – Laseranwendungen

8.5.1 – Medizintechnik

Laser werden in der Medizin zu diagnostischen und therapeutischen Zwecken angewendet (Abb. 8.16). Wird Gewebe mit einem Laserstrahl bestrahlt, so erhöht sich dessen Temperatur durch Absorption. Bei 60°C koaguliert das Eiweiß, bei 100°C verdampft das Gewebewasser und bei weiterer Temperaturerhöhung karbonisiert das Gewebe. So kann mittels Eximerlaser ($ArF, XeCl$) im UV und Erbiumlaser im IR Gewebe durch ultrakurze Pulse (10^{-9}-10^{-6} s, 10mJ) verdampft werden (Photoablation), ohne die Umgebung durch Wärmeleitung in Mitleidenschaft zu ziehen. Die LASIK-Methode, bei der durch Abtragung die Krümmung der Hornhaut verändert wird, ist ein bekanntes Beispiel für einen derartigen Lasereinsatz (Abb. 8.17). Bei noch höheren Laserleistungen und noch kürzeren Pulsen (10^{-12}-10^{-9} s) tritt optischer Durchbruch auf, auch Photodisruption genannt. Der Effekt wird in der Augenheilkunde routinemäßig zur Zerstörung der trüben Nachstarmembran und zur Zertrümmerung von Nieren- und Blasensteinen eingesetzt. Vorteile des Lasereinsatzes wie nichtblutende Schnitte, hohe Schnittpräzision und Remote-

Chirurgie mittels Glasfasern, stehen Nachteile, wie die hohen Kosten der zum Teil äußerst komplexen Geräte und eine oftmals schlechtere Wundheilung, gegenüber.

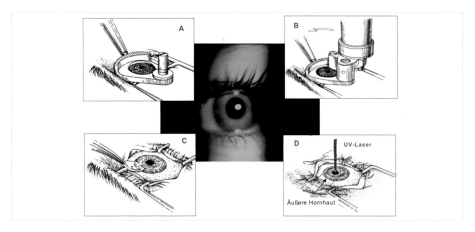

Abb. 8.17 ▶ Teilschritte einer „LASIK"-Operation der Hornhaut:
A) Fixieren des Auges, B+C) Entfernen der äußeren Hornhautklappe (Flap)
D) Photoablation mittels Excimer-Puls-Laser.

In der Mikrobiologie werden Laser heutzutage ebenfalls eingesetzt (Abb. 8.18). Wichtige Applikationen sind hier die Ausnutzung des Lichtdruckgradienten im Laserfokus zum Einfangen und Bewegen von Zellen und anderen Biomaterialien (optische Pinzette). Im "Therapeutischen Fenster" zwischen 600 u. 1.200 nm, einem Wellenlängenbereich, in dem an Zellen kaum Absorption auftritt, können Zellen mit gepulsten Laserdioden durch den Lichtdruck im Fokus (hoher Dichtegradient) des Laserstrahls eingefangen und transportiert werden. Eine Zellextraktion aus Lösung ist ebenfalls möglich (*Laser Pressure Catapulting, LPC*). Oftmals ermöglichen derartige Manipulationsmikroskope auch gleichzeitig mikrometergenaue Schnitte mittels gepulster UV-Laser (z. B. N_2-Laser).

Erste Lasererfolge in der Medizin

1972	erste erfolgreiche Mammachirurgie mittels CO_2-Laser
1976	Erfolgreiche Entfernung eines Hirntumors mit einem CO_2-Laser (Uniklinik Graz)

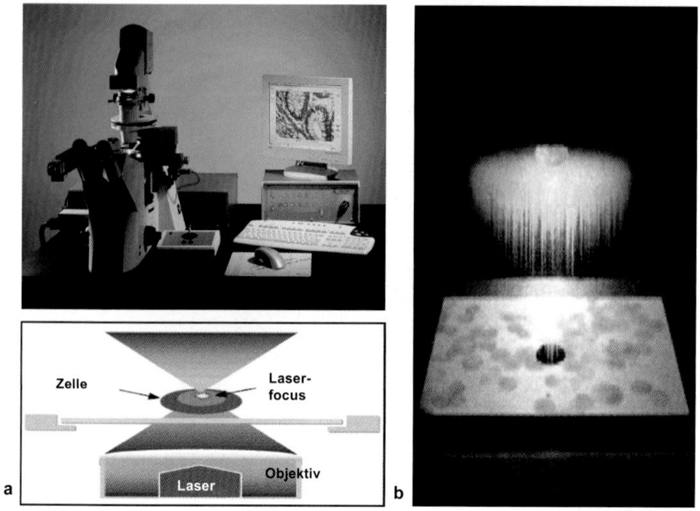

Fotos: Palm Microlaser Technologies AG

Abb. 8.18 ▶ a) Lasermanipulationsmikroskop, b) „fliegende" Zelle

8.5.2 – Metallbearbeitung

Während bei der mechanischen Bearbeitung von Werkstoffen die Materialhärte eine der wichtigsten Kenngrößen darstellt, ist diese bei der Laserbearbeitung der wellenlängen-abhängige Absorptionskoeffizient (Abb. 8.19). Er bestimmt letztendlich die am besten ge-eignete Lasertype und Verarbeitungsgeschwindigkeit des Werkstoffs. Bei Metallen steigt beim Übergang in den Plasmazustand die Lichtabsorption sprunghaft an. Plasmazustän-de sind aber erst bei sehr hohen Laserleistungen ($> 10^6$ W/cm^2) auf der Werkstoff-oberfläche realisierbar.

Mittels CO_2- Nd:YAC- oder Excimer-Lasern werden heute die unterschiedlichsten Ma-terialbearbeitungen durchgeführt. Zu den wichtigsten Laseranwendungen zählen Schwei-ßen, Schneiden, Bohren, Gravieren und Oberflächenlegieren von Werkstoffen.

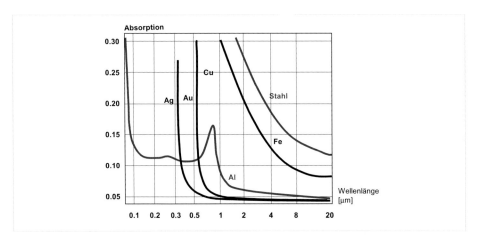

Abb. 8.19 ▶ a) Wellenlängenabhängige Lichtabsorption eines CO₂-Lasers

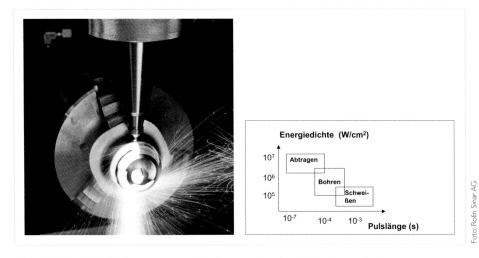

Abb. 8.20 ▶ Arbeitsfenster von CO₂-Lasern in der Metallverarbeitung

8.5.2.1 – Laserschweißen

Beim **Wärmeleitungsschweißen** (Schweißnaht max. 2m/min) wird bei kontinuierlichem Laserbetrieb oder Pulsraten < 10^3/s und Strahlungsintensitäten um 100W/cm² das Grundmaterial (Stahl, Aluminium etc.) lokal aufgeschmolzen. Bei Strahlungsintensitäten oberhalb von 10^6W/cm^2 ist hingegen das technisch bedeutendere **Tiefenschweißen** möglich (Schweißnaht max. 20m/min). Durch Ausbildung eines induzierten Lokalplasmas unter Einwirkung des Strahls eines CO_2-, Nd:YAC- oder Hochleistungsdiodenlasers auf die Materialoberfläche wird eine sehr hohe Energieaufnahme erreicht. Der Laserstrahl kann nun tief in das Grundmaterial eindringen und gasförmiges Grundmaterial herausschleudern (Abb. 8.21).

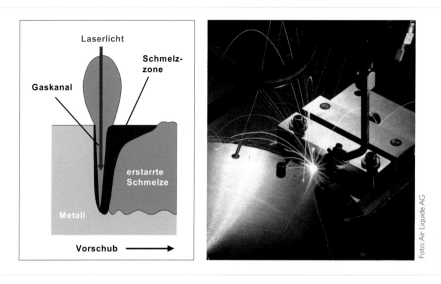

Abb. 8.21 ▶ *Laserschweißen: Modell und Applikationsphoto*

Generell kann Laserschweißen bei allen mit Standardschweißverfahren verarbeitbaren Werkstoffen eingesetzt werden. Die großen Vorteile des Laserschweißens liegen in der nur sehr lokalen thermischen Belastung des Werkstücks (kleine großflächigen Hitzeverspannungen), der hohen Schweißgeschwindigkeit, der sauberen Naht sowie in der Verarbeitbarkeit auch kleinster, schwer zugänglicher Werkstücke.

8.5.2.2 – Laserschneiden

Beim Laserschneiden wird zwischen Schmelz-, Sublimations- und Brennschneiden unterschieden (Abb. 8.22). Bei allen drei Verfahren transportiert der Schneidgasstrom (Edelgas, Stickstoff oder Sauerstoff) das abgetragene Material vom Schneidort. Vor allem das Brennschneiden hat sich in der Metallverarbeitung durchgesetzt. Der Materialabtrag basiert hierbei auf einer lokalen Verdampfung mit anschließender chemischer Oxidation des Werkstoffs und Abtransport des oxidierten Materials in einem Strom aus Reaktivgas und überschüssigem Sauerstoff. Die Oxidation verringert die notwendige Laserleistung auf ca. 1 KW (cw) durch Freisetzung zusätzlicher thermischer Energie. Mittels Brennschneiden ist gratfreies Trennen von Baustählen bis zu 25 mm Plattendicke möglich. Die realisierbaren Schneidgeschwindigkeiten sind abhängig von der Blechdicke und betragen bei einem 5mm-Stahlblech ca. 4m/s.

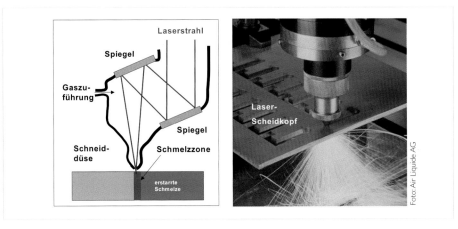

Abb. 8.22 ▶ *Laserschneiden: Modell und Visualisierung*

8.5.2.3 – Laserbohren

Ein modernes Einsatzgebiet des Laserbohrens ist die Leiterplattenfertigung (Abb.8.23). Mit zunehmender Strukturverdichtung auf der Leiterplattenoberfläche müssen auch die vertikalen Verbindungsstellen auf der Leiterplatte (metallisierte Bohrlöcher) immer kleiner werden. Dem Laserbohren kommt dabei neben Alternativen, wie Plasmabohren oder optische Locherzeugung in photo-strukturierbaren Polymeren, zentrale Bedeutung bei der Fertigung von Sacklöchern zu. Laserbohrungen zeichnen sich durch ein ausgezeichnetes Aspektverhältnis aus. Mittels gepulster Nd:YAC-Laser werden heute sowohl Polymere als auch metallisierte Polymere gebohrt. Spezielle Vielstrahloptiken (Carl Zeiss AG) ermöglichen das gleichzeitige Bohren mehrerer Bohrlöcher.

RCC-Folie Laminieren

Laserbohren

Naßchem. Metallisieren

Sackloch-
erzeugung

copper

pol yimide   polymide

20 µm

a   b   c

Foto: Atotech GmbH

**Abb. ▶ 8.23 Erzeugung von sacklochgebohrten hochverdichteten Leiterplatten
a) Sacklocherzeugung, b) Querschliff durch Sackloch, c) fertige Leiterplatte**

8.5.3 – Speichern, Lesen und Übertragen von Daten

Beim Speichern, Lesen und Übertragen von Daten werden die hervorragenden optischen Eigenschaften von Laserlicht ausgenutzt. Diodenlasern kommt dabei besondere Bedeutung zu. Sie sind klein, preiswert, und Signale können direkt über den Anregungsstrom auf die Grundfrequenz des abgestrahlten Laserlichts aufmoduliert werden. Als Anwendung seien hier beispielhaft die Detektion von Oberflächenauslenkungen (CD-Player, Abhöranlagen, AFM-Mikroskop; Abb. 8.24) sowie die Datenfernübertragung durch Glasfasernetze aufgeführt (Abb. 8.25).

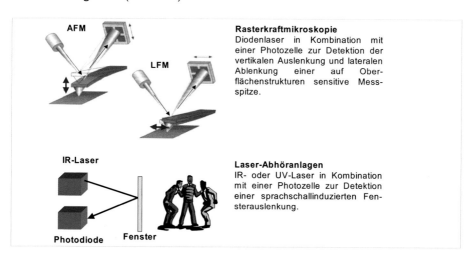

AFM

LFM

Rasterkraftmikroskopie
Diodenlaser in Kombination mit einer Photozelle zur Detektion der vertikalen Auslenkung und lateralen Ablenkung einer auf Oberflächenstrukturen sensitive Messspitze.

IR-Laser

Laser-Abhöranlagen
IR- oder UV-Laser in Kombination mit einer Photozelle zur Detektion einer sprachschallinduzierten Fensterauslenkung.

Photodiode   Fenster

Abb. 8.24 Einsatz von Lasern zur Detektion von Auslenkungen

Eine dünne Glasfaser von einem Durchmesser von einigen Mikrometern kann eine durch Laser erzeugte Lichtwelle über mehr als 100 km übertragen. Für weitere Entfernungen sind Verstärkereinheiten notwendig, die bei der digitalen Datenübertragung die Qualität des Signals allerdings nicht beeinträchtigen. Glasfaserkabel eignen sich zur Übertragung von Wellenlängen im Bereich von 0,15- 3,5 µm (Quarzglas). Der Faserkern ist von einem Mantel kleinerer Brechzahl umgeben, an dem das Licht reflektiert wird. Zur Einkopplung in Glasfasern werden meist Diodenlaserarrays eingesetzt.

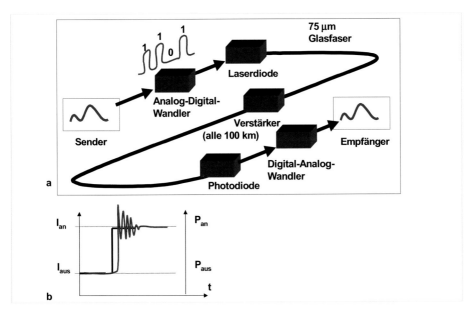

Abb. 8.25 ▶ a) Datenübertragung mit Diodenlasern, b) Modulationssignal und Emissionsverhalten im Vergleich

Lampenbezeichnungen/Abkürzungen/Lampenlebensdauern

Lampenbezeichnungen

Philips	Osram	Lampenklasse
Normal-Lampe	Classic-Lampe	Standard-Allgebrauchslampe
MASTERLine ES	Decostar IRC	Kaltlichtspiegel-Halogenreflektorlampe mit infrarotreflektierender Beschichtung
MASTER LEDBulb	OSRAM Parathom Classic	E27-LED-Austauschlampe
CDM	HCI	Hochdruck-Metallhalogendampflampe mit Keramikbrenner
HPL	HQL	Hochdruck-Quecksilberdampflampe
HPL 4	HQL 4Y	Langlebige Hochdruck-Quecksilberdampflampe
HPI bzw.	HQI	Hochdruck-Metallhalogendampflampe
MHN/W		mit Quarzbrenner
LED	LED	Lichtemittierende Diode
OLED	OLED	LED aus organischen Materialien
QL	Endura	Induktionslampe
SON	NAV	Hochdruck-Natriumdampflampe
SON PIA	NAV 4Y	langlebige Hochdruck-Natriumdampflampe
SDW-T (G)	keine	Höchstdruck-Natriumdampflampe
SOX	SOX	Natriumniederdruckdampflampe
TL-D Super 80	Lumilux L	3-Banden-Leuchtstofflampe
TL-D Extreme	Lumilux 4Y	Langlebige Leuchtstofflampe

Abkürzungen

Abkürzung	Bedeutung
CLO	constant lumen output, Konstantlichtstrom-Regelung
ESL	Energiesparlampe
EVG	Elektronisches Vorschaltgerät für Entladungslampen
IRC	infrared coating, infrarotreflektierende Beschichtung
IR	Infrarot
ITO	Indium-Tin-Oxide, Indium-Zinn-Oxid
KVG	Drosselspule für Entladungslampen
LASER	light amplification by stimulated emission of radiation
MHL	metal halide lamp, Hochdruck-Metallhalogendampflampe
PIA	Philips integrated antenna, aufgesinterte Zündhilfe
PMMA	Polymethylmethacrylat

Abkürzung	Bedeutung
PPP	Polyparaphenylen
PPV	Polyphenylenvinylen
PT	Polythiophen
UV	Ultraviolett
VIS	Visible, sichtbarer Spektralbereich

Lebensdauerdefinitionen von Leuchtmitteln

Mittlere Lebensdauer (L0C50)

Erwartungswert für das Betriebsintervall eines Leuchtmittels bis zu dessen technischem Versagen; Zeitintervall, innerhalb dessen in einer Leuchtmittelpopulation 50 % aller Leuchtmittel ausgefallen sind; gebräuchliche Charakterisierungsgröße in der Innenbeleuchtung.

5%-Lebensdauer (L0C5)

Zeitintervall, innerhalb dessen in einer Leuchtmittelpopulation 5 % aller Leuchtmittel ausgefallen sind; gebräuchliche Charakterisierungsgröße in der Außenbeleuchtung.

Lebensdauerangaben bei LEDs

L70 B50: Zeitintervall, innerhalb dessen in einer LED-Population 50% aller Lampen bereits weniger als 70% Restlichtstrom liefern. Ganz ausgefalle LED werde nicht mit berücksichtigt. L80F10: Zeitintervall, innerhalb dessen in einer LED-Population 80% aller Lampen noch 80% oder mehr Restlichtstrom liefern. Ganz ausgefalle LED werde hier mit berücksichtigt. Die L80F10 Lebensdauer ist immer deutlich kürzer als die L70B50 Lebensdauer.

Nutzlebensdauer (L80F50)

Zeitintervall, innerhalb dessen in einer Leuchtmittelpopulation der Gesamtlichtstrom auf 80% des Anfangswertes zurückgeht. Dabei kommt es nicht darauf an, ob für den Rückgang Lampentotalausfälle oder der Lichtstromrückgang noch brennender Leuchtmittel verantwortlich sind; gebräuchliche Charakterisierungsgröße für Leuchtstofflampen. Ausfälle von Betriebsgeräten werden bei klassischen Leuchtmitteln, wie CDM-Lampen und Leuchtstofflampen, im Gegensatz zu LEDs nicht mit berücksichtigt. Die Nutzlebensdauer ist bei klassischen Leuchtmitteln eine Anlagenkenngröße, die sich nur auf die Lampenpopulation bezieht.

Restlichtstrom (%) · Überlebensrate (%) = 80%

[1]   Organic Light-Emitting Devices, J. Shinar, 1st Ed., Springer Berlin 2003.

[2]   The Blue Laser Diode: The Complete Story, Shuji Nakamura et al, 2nd Ed., Springer Berlin 2002.

[3]   Nonclassical light from Semiconductor Laser and LED, Kim, J., Somani, S., Yamamoto, Y., Springer Berlin, 2001.

[4]   Neue Lichtemitter auf der Basis von II-VI-Halbleitern , G.Reuscher, Tectum 2001.

[5]   Laser – Bauformen Strahlführung, Anwendungen, J. Eichler, H.-J. Eichler, Springer Berlin, 4. Auflage 2001.

[6]   Grundlagen der optoelektronischen Halbleiterbauelemente, H.-G. Wagemann/ A. Schmidt, Teubner Heidelberg, 1998.

[7]   R. Baer, Beleuchtungstechnik – Grundlagen, Verlag Technik, Berlin, 4. Auflage 2008.

[8]   Halbleiter-Optoelektronik, M. Bleicher, Hüthig Heidelberg 1986.

[9]   Optoelektronische Halbleiterbauelemente, R. Paul, Teubner Heidelberg 1985.

[10]   G. Wedler, Lehrbuch der Physikalischen Chemie, VCH-Verlag, Weinheim, 2. Auflage 1985.

[11]   C. C. Sturm/ E. Klein, Betriebsgeräte und Schaltungen für elektrische Lampen, ISBN 3-8009-1586-3.

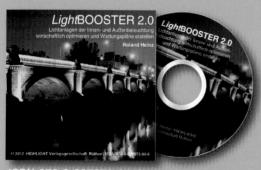